入門編

①数・割合・速さ

中学受験

となりにカテキョ

JN026645

つきっきり

算数

実務教育出版

この本を開いてくれたみんなへ

みんな，算数は好き？

「好きかキライかよくわからないよ」とか「算数なんてキライだよ！」って人もいるよね。

じゃあなんでいまいち算数が好きになれないのかな？

「数字を見たくない～」とか「なんとなくキライ」とか「難しいからイヤ」とかいろいろな理由はあると思うけど，「お母さんや先生に図や式を書けって言われるけど，どう書けばよいかわからない」って人もたくさんいるんじゃないかな？

中学受験の算数が得意になる最大のポイントはね，「問題文の状況を自分にとって見やすい図や式に整理すること」なの。

見やすく整理できれば解きやすくなるよね。

だから，「図や式を書く作業力」を身につけることができれば算数は意外と攻略しやすい科目なんだよ。

そして，攻略できれば，算数は中学受験で大きな得点源になる科目なんだ。

この本には，「先生」と「これから算数が好きになる予定の生徒」と「ポイントを力説するネコ」が登場するよ。

「これから算数が好きになる予定の生徒」を自分だと思って，先生といっしょに図や式の書き方を自分のものにしていかない？

不安な人もいるかもしれないけど，図や式を書く手順やポイントも１つ１つ書いてあるから大丈夫！

先生がとなりにいるつもりで，いっしょに作業をしていく中で「図や式を書く作業力」が自然に身についていく仕組みなの。

この本をやり終えるころには，今より少し算数が好きで得意になっているはず。

さぁ，いっしょにえんぴつを持って意外と楽しい算数の世界へ‼

富田 佐織

保護者の皆様へ

　私は中学受験の算数プロ家庭教師として20年以上，指導をしています。そのため，子どもの「あるもの」を見れば，算数で伸び悩む要因を即座に判断することができます。

　その「あるもの」とは——テストの問題用紙です。

　我々は偏差値や点数をあまりアテにしていません。それらはあくまで"その模試やテストを受けた瞬間値"であり，子どもの学力や実力を多方向からはかったものではないからです。

　しかし，問題用紙には子どもの学力や個性が如実に表れます。ちょこちょこと筆算だけ書いている子，メモ書きのように式らしきものを書いている子，そして図や式をきちんと書いている子——。算数の力が伸びていく子は，当然「図や式をきちんと書いている子」です。

　算数は論理的な科目です。問題文を図や表で視覚化し，順を追って式を立てる必要があります。

　子ども達は，授業で先生が書く，あるいはテキストの解説に載っている図や式を「補助的なもの」と思って眺めていますが，それらは「解くために書かなければならない図や式」なのです。算数は「書き方＝解き方」なのです。

　しかし，図も式も書かずに「何となく」頭の中で解く小学生のいかに多いことか。それでは何時間勉強しようと，テキストを何周やり込もうと，一向に算数の力は伸びず，点数にも結び付きません。

　では，なぜ彼らは式を書かないのか——そこには2つ理由があります。1つは「面倒くさいから」。そしてもう1つは「書き方を知らないから」。

　そこで，この問題集では，基本的な典型問題の「書き方」を子どもが習得できるよう，「どの順番で」「何を書くか」に徹底的にこだわりました。この書き方が手の内に入れば，"やってもやっても伸びない"状況から脱却できます。

　子どもにとって，中学受験は常に「面倒くささとの戦い」です。本書を通して，図や式を書くことが当たり前になれば，それは学力だけでなく，精神的にも成長した証。算数に取り組むお子さんの成長を，心から応援しています。

安浪 京子

第3章 速さ ……147

第1章，第2章，第3章：執筆担当 安浪京子

この本の使い方

中学受験の算数で大切なのは，「図や式を書いて問題を解く力」です。
「図や式の書き方＝解法」を身につけるために，書き方を知り，実際に自分で同じように書いて解くことが大切です。

この単元のポイント

その単元で学ぶことを
まとめています。

最初はわからなくても
大丈夫ニャ！

HOP

問題を解くための考え
方，知っておきたいこと
を説明します。
「プロ家庭教師にマンツー
マンで教えてもらえるライ
ブ感」を紙上で再現し
ています。

みんなの
「なぜ？」に対話形式
で答えながら考え方
を説明しているよ。

一人で解ける
問題を増やすぞ！

みんなの代表と
して，先生にいろいろ
質問しているよ。

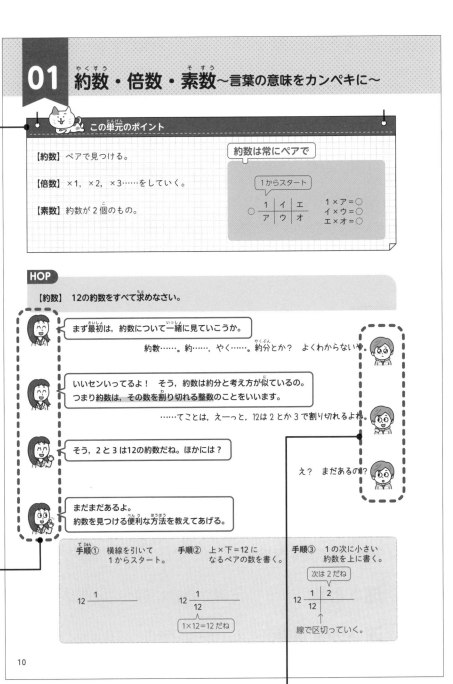

01 約数・倍数・素数 〜言葉の意味をカンペキに〜

この単元のポイント

【約数】ペアで見つける。

【倍数】×1，×2，×3……をしていく。

【素数】約数が2個のもの。

約数は常にペアで

1からスタート

	1	イ	エ
	ア	ウ	オ

1 × ア = ○
イ × ウ = ○
エ × オ = ○

HOP

【約数】 12の約数をすべて求めなさい。

まず最初は，約数について一緒に見ていこうか。

約数……。約……，やく……。約分とか？　よくわからない。

いいセンいってるよ！　そう，約数は約分と考え方が似ているの。
つまり約数は，その数を割り切れる整数のことをいいます。

……てことは，えーっと，12は2とか3で割り切れるよね。

そう，2と3は12の約数だね。ほかには？

え？　まだあるの？

まだまだあるよ。
約数を見つける便利な方法を教えてあげる。

手順① 横線を引いて
1からスタート。

12 ─── 1

手順② 上×下＝12に
なるペアの数を書く。

12 ─── 1
       12

1×12＝12だね

手順③ 1の次に小さい
約数を上に書く。

次は2だね

12 ─── 1 │ 2
       12

線で区切っていく。

10

右側には「書く内容」の説明や注意点を載せてるニャ。

STEP

実際に解く手順を詳しく載せています。

書く（解く）順番がわかるよ。さあ，鉛筆を持って！

赤字が自分で書く部分だね。

既に書いたものは黒字になっているから，書き加える部分がわかるはず。

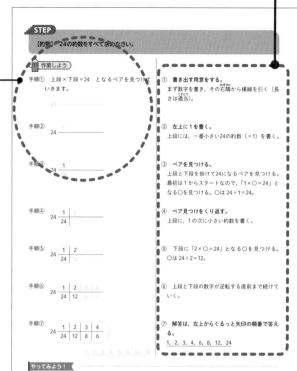

STEP
【約数】24の約数をすべて求めなさい。

作業しよう

手順① 上段×下段＝24 となるペアを見つけていきます。

| | 24 | | | | | | |
手順② 24

手順③ 24 ┃ 1

手順④ 24 ┃ 1 ┃ 2 ／ 24

手順⑤ 24 ┃ 1 ┃ 2 ／ 24 ┃ 12

手順⑥ 24 ┃ 1 ┃ 2 ┃ 3 ／ 24 ┃ 12 ┃ 8

手順⑦ 24 ┃ 1 ┃ 2 ┃ 3 ┃ 4 ／ 24 ┃ 12 ┃ 8 ┃ 6

① 書き出す用意をする。
まず数字を書き，その右隣から横線を引く（長さは適当）。

② 左上に1を書く。
上段には，一番小さい24の約数（＝1）を書く。

③ ペアを見つける。
上段と下段を掛けて24になるペアを見つける。最初は1からスタートなので，「1×○＝24」となる○を見つける。○は24÷1＝24。

④ ペア見つけをくり返す。
上段に，1の次に小さい約数を書く。

⑤ 下段に「2×○＝24」となる○を見つける。○は24÷2＝12。

⑥ 上段と下段の数字が逆転する直前まで続けていく。

⑦ 解答は，左上からぐるっと矢印の順番で答える。
1, 2, 3, 4, 6, 8, 12, 24

やってみよう！

次の約数をすべて求めなさい。
(1) 32　(2) 49

数字が重複したら下段にあるほうを消すニャ。

12　[やってみよう！ 解答] 必ず表を書いてペアで見つけていきましょう。　(1)1, 2, 4, 8, 16, 32　(2)1, 7, 49

やってみよう！

似たような問題を載せました。同じ形式の問題を同じ手順で書いて解き，確認します。

JUMP

実際の入試問題や練習問題です。STEP で身につけた書き方を使って実戦に挑みます。

空いているスペースに図・表や式を書いて解くニャ。

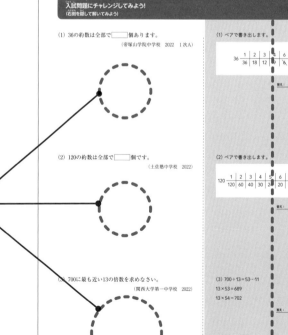

JUMP！
入試問題にチャレンジしてみよう！
（右側を隠して解いてみよう）

01

(1) 36の約数は全部で［　　］個あります。
（帝塚山学院中学校　2022　1次A）

(2) 120の約数は全部で［　　］個です。
（土佐塾中学校　2022）

(3) 700に最も近い13の倍数を求めなさい。
（関西大学第一中学校　2022）

(1) ペアで書き出します。

| 36 | 1 | 2 | 3 | 4 | 6 |
| | 36 | 18 | 12 | 9 | |

答え：　9

(2) ペアで書き出します。

| 120 | 1 | 2 | 3 | 4 | 5 | 6 | 8 | 10 |
| | 120 | 60 | 40 | 30 | 24 | 20 | 15 | 12 |

答え：　16

(3) 700÷13＝53…11
13×53＝689
13×54＝702

答え：　702

約数・倍数・素数　15

著者より

算数は「作業力」！解けない子には，圧倒的に作業力が足りていません。実際に手を動かして解き方を覚えましょう。

この線の辺りで紙を折ると，正解や解説を隠せるよ。

第 1 章

数の性質

この単元のポイント

【約数】 ペアで見つける。

【倍数】 ×1, ×2, ×3……をしていく。

【素数】 約数が2個のもの。

> 約数は常にペアで

1からスタート

$$○ \frac{1 \ | \ イ \ | \ エ}{ア \ | \ ウ \ | \ オ}$$

1 × ア = ○
イ × ウ = ○
エ × オ = ○

HOP

【約数】 12の約数をすべて求めなさい。

 まず最初は，約数について一緒に見ていこうか。

約数……。約……，やく……。約分とか？ よくわからないや。

 いいセンいってるよ！ そう，約数は約分と考え方が似ているの。
つまり約数は，その数を割り切れる整数のことをいいます。

……てことは，えーっと，12は2とか3で割り切れるよね。

 そう，2と3は12の約数だね。ほかには？

え？ まだあるの!?

 まだまだあるよ。
約数を見つける便利な方法を教えてあげる。

手順① 横線を引いて 1からスタート。

$$12 \underline{\quad 1 \quad\quad\quad}$$

手順② 上×下=12に なるペアの数を書く。

$$12 \frac{1}{12}$$

> 1×12=12だね

手順③ 1の次に小さい 約数を上に書く。

> 次は2だね

$$12 \frac{1 \ | \ 2}{12 \ |}$$

↑
線で区切っていく。

へー！　こんなふうに考えるんだ。

 こうやってペアで考えていくと，モレがなくなるの。
続きを一緒にやってみよう！

手順④　上段に約数　〉上段と下段の
　　　　　下段にペア　　数字が逆転す
　　　　　　　　　　　　る直前までく
　　　　　　　　　　　　り返す。

12	1	2	3
	12	6	4

手順⑤　答えるときは小さいほうから。
　　　　　矢印の向きで答えを書く。

12	1	2	3
	12	6	4

答え　1，2，3，4，6，12

「最初は1」「ペアで見つける」でいいんだね。

 そう！　その調子で16の約数も求めてみよう。

16	1	2	4
	16	8	4̸

あれ？　4が1つ消されてる。

 同じ数が2つのときは，消しちゃってOK。

じゃあ，答えは1，2，4，8，16だね。

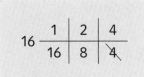 よくできました！

【約数】　24の約数をすべて求めなさい。

作業しよう

手順①　上段×下段＝24　となるペアを見つけて
　　　　いきます。

24 ————————

手順②

24 ———— 1 ————

手順③

24 ———— 1 ————
　　　　　24

手順④

24 ———— 1 │ 2 ————
　　　　　24 │

手順⑤

24 ———— 1 │ 2 ————
　　　　　24 │ 12

手順⑥

24 ———— 1 │ 2 │ 3 │ 4 ————
　　　　　24 │ 12 │ 8 │ 6

手順⑦

24	1	2	3	4
	24	12	8	6

1, 2, 3, 4, 6, 8, 12, 24

① **書き出す用意をする。**

まず数字を書き，その右隣（みぎどなり）から横線を引く（長さは適当（てきとう））。

② **左上に1を書く。**

上段には，一番小さい24の約数（＝1）を書く。

③ **ペアを見つける。**

上段と下段を掛けて24になるペアを見つける。最初は1からスタートなので，「1×○＝24」となる○を見つける。○は 24÷1＝24。

④ **ペア見つけをくり返す。**

上段に，1の次に小さい約数を書く。

⑤ **下段に「2×○＝24」となる○を見つける。**
○は 24÷2＝12。

⑥ **上段と下段の数字が逆転する直前まで続けていく。**

⑦ **解答は，左上からぐるっと矢印の順番で答える。**

<u>1, 2, 3, 4, 6, 8, 12, 24</u>

やってみよう！

次の約数をすべて求めなさい。

(1) 32　　(2) 49

数字が重複（ちょうふく）したら下段に
あるほうを消すニャ。

［やってみよう！　解答（かいとう）］必ず表を書いてペアで見つけていきましょう。　(1)1, 2, 4, 8, 16, 32 (2)1, 7, 49

HOP

【倍数】 12の倍数を小さいほうから3つ求めなさい。

12の倍数ってどんな数だと思う？

12を倍にしていけばいいんじゃないの？
だから，2倍は 12×2 で24，3倍は 12×3＝36。

正解！ じゃあ，「小さいほうから3個」と言われたら？

4倍で 12×4＝48 だから，24，36，48 ！

残念……。1倍を見落としてる。

そっか！ 1倍で 12×1＝12 も数えるのかぁ……！
じゃ，答えは12，24，36だね。

STEP

【倍数】 6の倍数について考えます。
(1) 小さいほうから3つ求めなさい。
(2) 100に最も近い6の倍数を求めなさい。

 作業しよう

1倍した数も倍数です。
数え忘れないようにしましょう。

(1)
手順① 6，12，18

(2)
手順① 100÷6＝16…4
　　　 16×6＝96
　　　 16×7＝102
　　　　　　　　102

100÷6 で何倍くらいか見当をつけます。
100より小さい数と大きい数の両方を必ず調べましょう。

(1)
① ×1，×2，×3をする。6，12，18。

(2)
① 6の倍数を数直線に並べてみると

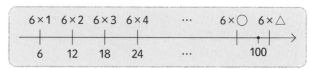

となる。
100÷6＝16…4より，100前後を調べると
16×6＝96，16×7＝102
100に最も近いのは，102。

やってみよう！

300に最も近い11の倍数を求めなさい。

［やってみよう！ 解答］300÷11＝27…3 より，11×27＝297，11×28＝308 となるので，297。

【素数】　素数を小さいほうから３つ求めなさい。

『博士の愛した数式』っていう本に出てくる博士は，素数（そすう）が大好きなの。

そすう？

素数はね，「１と自分自身以外では割り切れない数」のこと。
それよりも「約数が２個ある数」というほうがわかりやすいかな。
１から約数の個数を調べてみようか。

	1	2	3	4	5	6	7	…
約数	1	1, 2	1, 3	1,2,4	1, 5	1,2,3,6	1, 7	…
約数の個数	1個	2個	2個	3個	2個	4個	2個	…
		↑	↑		↑		↑	
		素数	素数		素数		素数	

へー！　じゃあ，小さいほうから３つってことは<u>2，3，5</u>だね。

そのとおり！

【素数】　次から，素数を選びなさい。
11　　15　　21　　28　　37　　51

頭の中で約数の個数がパッとわかならい
場合は，ペアで約数を探していきます。

手順①

11	1
	11

15	1	3
	15	5

21	1	3
	21	7

28	1	2	4
	28	14	7

37	1
	37

51	1	3
	51	17

11，37

① 約数の個数を考えてみる。

約数の個数は11→２個，15→４個，
21→４個，28→６個，37→２個，51→４個。
約数が２個のものが素数なので，
<u>11，37</u>。

素数を10個まで覚えておくと便利だニャ。
2, 3, 5, 7, 11, 13, 17, 19, 23, 29

やってみよう！

次から，素数をすべて選びなさい。
9　　13　　27　　39　　41

［やってみよう！　解答］約数が２個のものが素数です。<u>13，41</u>

(1) 36の約数は全部で□個あります。

（帝塚山学院中学校　2022　1次A）

(1) ペアで書き出します。

36	1	2	3	4	6
	36	18	12	9	6̶

答え：　9

(2) 120の約数は全部で□個です。

（土佐塾中学校　2022）

(2) ペアで書き出します。

120	1	2	3	4	5	6	8	10
	120	60	40	30	24	20	15	12

答え：　16

(3) 700に最も近い13の倍数を求めなさい。

（関西大学第一中学校　2022）

(3) $700 \div 13 = 53 \cdots 11$

$13 \times 53 = 689$

$13 \times 54 = 702$

答え：　702

02 公約数と公倍数〜すだれ算は超便利〜

この単元のポイント

【公約数】 共通の約数。

【最大公約数】 公約数の中で最も大きい数。

【公倍数】 共通の倍数。

【最小公倍数】 公倍数の中で最も小さい数。

すだれ算で楽に求める

最大公約数

$$2)\overline{12, \ 30}$$
$$3)\overline{\ 6, \ 15}$$
$$\quad\ \ 2, \ 5$$

$2 \times 3 = 6$

最小公倍数

$$2)\overline{12, \ 30}$$
$$3)\overline{\ 6, \ 15}$$
$$\quad \ \ \times 2 \times 5$$

$2 \times 3 \times 2 \times 5 = 60$

HOP

【公約数と最大公約数】 12と18の公約数をすべて求めなさい。また、最大公約数を求めなさい。

 前回の約数と倍数から、今回は公約数と公倍数、最大公約数と最小公倍数まで話を広げるね。

あー、めちゃくちゃ苦手なやつだ。なんか言葉がゴチャゴチャになるんだよなぁ……。

 公約数、公倍数の問題は、言葉の意味をきちんと考えれば、絶対に迷わないよ。まず、12と18の約数を求めてくれるかな？

えっと、確かペアで出していくんだよね。

12	1	2	3
	12	6	4

18	1	2	3
	18	9	6

 よくできました☆ 次に12と18の公約数を見つけるよ。ところで「公」のつく言葉にはどんなものがあるかな？

公？ えっと、公園、公衆トイレ……あと、公開テストとか。

 そうだね。「公」という字には「共通」「すべてに当てはまる」という意味があるの。だから、公園や公衆トイレは誰でも使えるし、公開テストは誰でも受けられるよね。

ということは、12と18に共通の約数が公約数ってこと？

そのとおり！　共通するものを囲ってみよう。

12の約数　1, 2, 3, 4, 6, 12
18の約数　1, 2, 3, 6, 9, 18

じゃ，公約数は 1，2，3，6 でいいのかな？

できたじゃない！　そして，この中で，**最も大きな公約数**が 最大公約数 なの。

12と18の場合は 6 だね！　じゃ，最小公約数は1ってこと？

うーん，どんな数字の組合せでも，一番小さい公約数は必ず1になるから，最小公約数とはわざわざ言わないかな。

ふーん。でも，いつも約数をズラズラ書き出すの面倒だよね。

大丈夫！　「すだれ算」というとってもラクチンな方法を教えるね。

〈すだれ算〉

①数字を並べて書き，割り算の筆算を逆にして線を引く。

) 12, 18

②左に12と18の両方を割り切れる1以外の数（1を除く公約数）を書く。　　2か3か6

2) 12, 18

③12と18を，それぞれ②で書いた数字で割り，商を下に書く。これを割り切れなくなるまでくり返す。

2) 12, 18
3) 6, 9
　　2, 3

④左の縦の列をすべて掛けたものが最大公約数。よって，最大公約数は 2 × 3 = 6

2) 12, 18
×
3) 6, 9
　　2, 3

実は，**公約数は最大公約数の約数**なの。つまり，6の約数1，2，3，6が公約数になるの。

へー。じゃ，公約数を求めるには，まず最大公約数を求めればいいんだね！

【公約数と最大公約数】　36と54の公約数と最大公約数を求めなさい。

作業しよう

最大公約数→公約数の順に求めます。

手順①　）36，54

① **すだれ算の用意をする。**

　数字を並べて書き，割り算の筆算を逆にして線を引く。

手順②　2）36，54

② **左の数字を考える。**

　左に36と54の両方を割り切れる1以外の数（2，3，6，9，18のいずれか）を書く。

手順③
```
2)36, 54
3)18, 27
3) 6,  9
   2,  3
```

③ **左の数字で割る。**

　36と54を，それぞれ②で書いた数字で割り，商を下に書く。

　これを割り切れなくなるまでくり返す。

手順④
```
2)36, 54
3)18, 27
3) 6,  9
   2,  3
2×3×3＝18
```
　　　　　　　　　　　18

④ **縦の列をすべて掛ける。**

　左の縦の列をすべて掛けたものが最大公約数となる。

```
2)36, 54
×
3)18, 27
×
3) 6,  9
   2,  3
```

　よって，最大公約数は 2×3×3＝18。

手順⑤
```
18  1 | 2 | 3
    18| 9 | 6
```
　　　　　　1, 2, 3, 6, 9, 18

⑤ **公約数を求める。**

　公約数は最大公約数の約数となる。

　よって，公約数は 1，2，3，6，9，18。

やってみよう！

50と75の公約数と最大公約数を求めなさい。

すだれ算を使うニャ。

　［やってみよう！　解答］最大公約数は25，公約数は25の約数なので，1，5，25。

【公倍数と最小公倍数】 12と18との公倍数を小さいほうから3つ求めなさい。また，最小公倍数を求めなさい。

公倍数も，12と18に共通の倍数を考えたらいいのかな？

 わかってるじゃない！ さっそく共通するものを囲ってみよう。

12の倍数　12，24，36，48，60，72，84，96，108，…
18の倍数　18，36，54，72，90，108，126，144，162，…

公倍数は36，72，108だね。公倍数ってどんどん続くんだ……。

 そう，倍数は無限に続いていくから終わりがないの。

だから3つだけ聞かれてるんだね。
最小公倍数は公倍数の中で一番小さいものでいいんだよね？

 そのとおり！ だから最小公倍数は36だね。

これも，すだれ算でラクに解く方法はないの？

 もちろん，すだれ算でも最小公倍数を求められるよ。
途中までは最大公約数のすだれ算と同じで，違うのは最後だけ。

```
2 ) 12, 18
×3)  6,  9
    ×2,×3 ←─ 外側をすべて掛けたものが最小公倍数
```

今度は外側の数字を全部掛けるんだ。じゃ，最小公倍数は 2×3×2×3＝36 だ。

 よくできました！
そして，公倍数は最小公倍数の倍数なの。
だから，36×1＝36，36×2＝72，36×3＝108と求められるよ。

公倍数も，まず最小公倍数を求めればいいんだね！

【公倍数と最小公倍数】 24と32の公倍数を小さいほうから３つと，最小公倍数を求めなさい。

作業しよう

最小公倍数→公倍数の順に求めます。

手順①　　　)24，32

① すだれ算の用意をする。

数字を並べて書き，割り算の筆算を逆にして線を引く。

手順②　4)24，32

② 左の数字を考える。

左に24と32の両方を割り切れる１以外の数（２，４，８のいずれか）を書く。

手順③　4)24，32
　　　　2) 6， 8
　　　　　 3， 4

③ 左の数字で割る。

24と32を，それぞれ②で書いた数字で割り，商を下に書く。

これを割り切れなくなるまでくり返す。

手順④　4)24，32
　　　　2) 6， 8
　　　　　 3， 4
　　　4×2×3×4＝96

96

④ 外側をすべて掛ける。

外側をすべて掛けたものが最小公倍数となる。

4)24，32
×
2) 6， 8
　×3，×4

よって，最小公倍数は 4×2×3×4＝96。

手順⑤　96×1＝96
　　　　96×2＝192
　　　　96×3＝288

96，192，288

⑤ 公倍数を求める。

公倍数は最小公倍数の倍数となる。

96×1＝96，96×2＝192，96×3＝288。

よって，公倍数は96，192，288。

やってみよう！

16と20の公倍数を小さいほうから３つと，最小公倍数を求めなさい。

外側の数字を全部掛けるニャ。

［やってみよう！　解答］最小公倍数は80，公倍数は80の倍数なので80，160，240。

（1）30と75の最大公約数を求めなさい。

（賢明学院中学校　2022　ＡⅠ日程）

（1）すだれ算を使います。

$$5)\overline{30,\ 75}$$
$$3)\overline{\ 6,\ 15}$$
$$\quad\ 2,\ \ 5$$

$5 \times 3 = 15$

答え：　15

（2）56と40と35の最小公倍数は□□□です。

（千葉日本大学第一中学校　2022　第1期，一部改題）

（2）すだれ算を使います。

最小公倍数を求める場合は，すべてに共通していなくても，2つの数を割り切れればよい

$$5)\overline{56,\ 40,\ 35}$$
$$8)\overline{56,\ \ 8,\ \ 7}$$ ← 割り切れないときは
$$7)\overline{\ 7,\ \ 1,\ \ 7}$$ そのまま下ろす
$$\quad\ 1,\ \ 1,\ \ 1$$

$5 \times 8 \times 7 \times 1 \times 1 \times 1 = 280$

答え：　280

（3）48と64の公約数のすべての和は□□□です。

（桐光学園中学校　2022　第1回）

（3）公約数は，最大公約数の約数です。まず最大公約数を求めます。

$$8)\overline{48,\ 64}$$
$$2)\overline{\ 6,\ \ 8}$$
$$\quad\ 3,\ \ 4$$

$8 \times 2 = 16$

最大公約数16の約数をペアで書き出します。

16	1	2	4
	16	8	4

$1 + 2 + 4 + 8 + 16 = 31$

答え：　31

03 約数・倍数と余り〜5つのタイプを攻略する！〜

この単元のポイント

【約数タイプ】
式を「割り切れる形」に書き換える。

【倍数タイプ】
一致するまで数字を書き出す。

式を書いて判断する

【約数タイプ】	【倍数タイプ】
□ ÷ ● = △ … ☆	■ ÷ ○ = △ … ☆
↑	↑
ココを求める	ココを求める

HOP

【約数タイプ】 28を割ると4余り，39を割ると3余る整数を求めなさい。

 この問題は苦手な子が多いよね。でも，**問題を式にすればカンタン！**

 え？ 式？ 書いたことないや。えーっと，「28を割ると」は，「28÷□」かな？ 「□÷28」かな？

 そこ，迷っちゃうよね。だから，この**型に当てはめて書いてみよう。**

割られる数	割る数	商	余り	※同じ場所で違う数に
□	÷ ○	= △ …	☆	なるときは記号を変える
↑	↑			
〜を	〜で			

なるほど！ これならわかりそう。じゃ，
28÷○=△… 4　と　39÷○=▽… 3になるね。

 そのとおり！ だから，共通する○に入る整数を求めればいいんだね。
次は，**この式を割り切れる形に変形してみよう。**

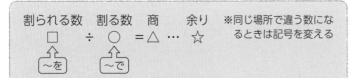

28÷[○]=△…4　→　24÷[○]=△
39÷[○]=▽…3　→　36÷[○]=▽

求める場所　　　　　　求める場所

○には，24と36の両方を割り切れる整数が入ればいいから，24と36の公約数だ！

 公約数は1，2，3，4，6，12だけど，○は，余りの4，3より大きいはずだから，答えは 6，12 になるね。

STEP

【約数タイプ】　50を割ると5余り，78を割ると3余る整数を求めなさい。

作業しよう

手順①　$50 \div \bigcirc = \triangle \cdots 5$
　　　　$78 \div \bigcirc = \bigtriangledown \cdots 3$

① 式を書く。

50と78を割る数は同じなので記号も同じ（○）。
50と78を○で割ると商は異なるので商は記号を変える（△と▽）。

手順②　$50 \div \bigcirc = \triangle \cdots 5 \rightarrow 45 \div \bigcirc = \triangle$
　　　　$78 \div \bigcirc = \bigtriangledown \cdots 3 \rightarrow 75 \div \bigcirc = \bigtriangledown$

② 式を「割り切れる形」に変形する。

「割られる数」から「余り」を引いて，割り切れる形にする。
わからないときは，簡単な例で確認してみる。
（例）$7 \div 2 = 3 \cdots 1 \rightarrow 6 \div 2 = 3$

手順③
```
5 ) 45, 75
3 )  9, 15
     3,  5
```
$5 \times 3 = 15$

③ 最大公約数を求める。

○は45と75の公約数。まず，すだれ算で45と75の最大公約数を求める。

手順④
```
    1 │ 3
15 ───┼───
   15 │ 5
```

④ 公約数を求める。

最大公約数15の約数を書き出す。

手順⑤
```
    1 │ 3
15 ───┼───
   15 │ 5
```
15

⑤ 条件に合うものを選ぶ。

「割る数＞余り」（※）なので，5以下の整数を消す。
よって，答えは15。
※「割る数＞余り」　$50 \div 3 = 16 \cdots 2$　○
　「割る数≦余り」　$50 \div 3 = 15 \cdots 5$　×
　　　　　　　　　　　　　　　まだ割れる

やってみよう！

28を割ると4余り，39を割ると3余る整数を求めなさい。

式を割り切れる形に直すニャ。

[やってみよう！　解答] 答えは24と36の公約数（1，2，3，4，6，12）の中で，余りより大きな数になので，
6，12。

第1章　数の性質　23

【倍数タイプ】　4で割ると3余り，6で割ると3余る2ケタの整数を小さいほうから3つ求めなさい。

 これも，さっきの型に当てはめてみよう。

割られる数　割る数　商　余り
□　÷　○　=△　…　☆　　より　　□÷4＝△…3
↑〜を　　↑〜で　　　　　　　　　　□÷6＝▽…3

 この式は，こんなふうに書き換えられるよ。

□÷4＝△…3　→　□＝4×△＋3
□÷6＝▽…3　→　□＝6×▽＋3
求める場所　　　　　　　求める場所

なるほど！　4の倍数と6の倍数に，3を足すってことだね。

 その中で一致するものが答えだね。一致するものを探すために，「4の倍数＋3」と「6の倍数＋3」を書き出してみよう。数直線に書き込むようにすると，一致するものを見つけやすくなるよ。

4×△＋3　③　7　11　⑮　19　23　㉗　31　…
6×▽＋3　③　　9　　⑮　　21　　㉗　　33　…

あ！　3と15と27が一致してる！

 一致した数字は，4と6の最小公倍数の12ずつ増えているでしょ。

じゃ，27の次は27＋12で39だね。2ケタの整数だから，答えは15，27，39だ！

 大正解！　最後の手順を整理すると

式を書く　→式を変形する　→数字を書き出す
→一致する数字を探す　→最小公倍数ずつ増える

ということになるよ。

STEP

【倍数タイプ】 6で割ると2余り，8で割ると2余る2ケタの整数をすべて求めなさい。

作業しよう

手順①　$\square \div 6 = \triangle \cdots 2$
　　　　$\square \div 8 = \triangledown \cdots 2$

① 式を書く。

割られる数は同じなので記号も同じ（$\square$）。$\square$を6と8で割ると商が異なるので記号を変える（$\triangle$と$\triangledown$）。

手順②　$\square \div 6 = \triangle \cdots 2 \rightarrow \square = 6 \times \triangle + 2$
　　　　$\square \div 8 = \triangledown \cdots 2 \rightarrow \square = 8 \times \triangledown + 2$

② 式を「$\square =$」に変形する。

「$\square$」から「余り」は引けないので「$\square =$」の形にする。
わからないときは，簡単な例で確認してみる。
（例）$7 \div 2 = 3 \cdots 1 \rightarrow 7 = 3 \times 2 + 1$

手順③

$6 \times \triangle + 2$　②　8　　14　　20　㉖　32　　38　　44　㊿　…
$8 \times \triangledown + 2$　②　10　　18　　㉖　34　　42　㊿　…

③ 一致するまで書き出す。

$6 \times \triangle + 2$と$8 \times \triangledown + 2$に一致するものがいくつか出てくるまで書き出す。一致するものに○を付ける。

手順④　26 ， 50 ， 74 ， 98
　　　　　　+24　+24　+24

④ 条件に合うものを選ぶ。

一致する数字は6と8の最小公倍数（24）ずつ増えていくので，問題文の条件に合うものを求める。
よって，答えは26，50，74，98。

26, 50, 74, 98

やってみよう！

9で割ると4余り，15で割ると4余る2ケタの整数をすべて求めなさい。

必ず式を
書くニャ。

［やってみよう！ 解答］$9 \times \triangle + 4$　④　13　　22　31　　40　㊾　…　　一致する数字は9と15の最小公倍数（45）ず
　　　　　　　　　　　$15 \times \triangledown + 4$　④　19　　34　　㊾　…　　つ増えていくので，49, 94。

第1章 数の性質　25

【倍数タイプ】　8で割ると3余り，12で割ると7余る整数のうち，100に最も近いものを求めなさい。

作業しよう

手順①　□÷8 ＝△…3
　　　　□÷12＝▽…7

① 式を書く。

割られる数は同じなので記号も同じ（□）。□を8と12で割ると商は異なるので記号は変える（△と▽）。

手順②　□÷8 ＝△…3　→　□＝8×△＋3
　　　　□÷12＝▽…5　→　□＝12×▽＋7

② 式を「□＝」に書き換える。

「□」から「余り」は引けないので「□＝」の形にする。

わからないときは，簡単な例で確認してみる。

（例）7÷2＝3…1　→　7＝3×2＋1

手順③

8×△＋3　　3　　11　⑲　27　35　㊸　51…
12×▽＋7　　7　　⑲　31　㊸　55…

③ 一致するまで書き出す。

8×△＋3と12×▽＋7に一致するものがいくつか出てくるまで書き出す。一致するものに〇を付ける。

手順④　19 , 43 , 67 , 91 , 115
　　　　　　＋24　＋24　＋24　＋24

91

④ 条件に合うものを選ぶ。

一致する数字は8と12の最小公倍数（24）ずつ増えていくので，問題文の条件に合うものを求める。100に最も近いものは91。

やってみよう！

10で割ると3余り，12で割ると5余る整数のうち，100に最も近いものを求めなさい。

一致する数字は最小公倍数
ずつ増えていくニャ。

［やってみよう！　解答］10×△＋3　　3　　13　　23　　33　　43　　53…　　一致する数字は10と12の最小公倍数（60）ずつ増えていくので，
　　　　　　　　　　　 12×▽＋5　　5　　17　　29　　41　　53…　　53, 113, 173…より，113。

JUMP!

入試問題にチャレンジしてみよう！
(右側を隠して解いてみよう)

(1) 220を割ると10余る整数は□個あります。

(学習院中等科　2022　第1回)

(2) 290を割ると18余り，212を割ると8余る整数をすべて求めなさい。

(ラ・サール中学校　2022)

(3) 3で割ると2余り，5で割ると4余る2けたの整数は何個ありますか。

(和洋九段女子中学校　2022　第2回)

---

(1) 式を書くと「約数タイプ」だとわかります。式を割り切れる形に変形します。

$220 \div \bigcirc = \triangle \cdots 10 \to 210 \div \bigcirc = \triangle$

○は210の約数なので，ペアで書き出します。

210	1	2	3	5	6	7	10	14 ←見つけにくい
	210	105	70	42	35	30	21	15

○は余り(10)より大きい数なので14, 15, 21, 30, 35, 42, 70, 105, 210。　答え： 9

(2) 式を書くと「約数タイプ」だとわかります。式を割り切れる形に変形します。

$290 \div \bigcirc = \triangle \cdots 18 \to 272 \div \bigcirc = \triangle$
$212 \div \bigcirc = \triangledown \cdots 8 \to 204 \div \bigcirc = \triangledown$

○は272と204の公約数なので，まず最大公約数を求めます。

```
見つけにくい  2)272, 204
            2)136, 102   最大公約数は
        →  17) 68,  51   2×2×17＝68
              4,   3
```

68の約数をペアで書き出します。

68	1	2	4
	68	34	17

余り(18, 8)より大きい数は，34, 68。

答え： 34, 68

(3) 式を書くと「倍数タイプ」だとわかります。式を変形します。

$\square \div 3 = \triangle \cdots 2 \to \square = 3 \times \triangle + 2$
$\square \div 5 = \triangledown \cdots 4 \to \square = 5 \times \triangledown + 4$

「3の倍数+2」と「5の倍数+4」を書き出し，一致するものを見つけます。

3×△+2	2	5	8	11	14	17	20	23	…
5×▽+4	4		9		14		19	24	…

一致する数字は，14から3と5の最小公倍数(15)ずつ増えていくので，14, 29, 44, 59, 74, 89。　答え： 6個

04 約数・倍数の利用 〜図や表で見た目にこだわる〜

この単元のポイント

【ベン図】
求める部分をベン図で表す。

【文章題】
図に書いて意味を考える。

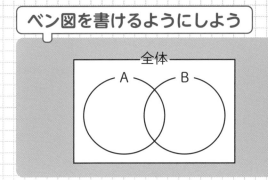

ベン図を書けるようにしよう

全体
A   B

HOP

【ベン図】 1から100までの整数の中で，2でも3でも割り切れない数をベン図で表しなさい。

あるクラスで，モモとブドウの好き嫌いを聞いてみたの。
それを，こんな図にしてみたよ。

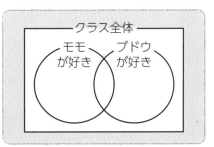

クラス全体
モモが好き　ブドウが好き

モモもブドウも大好き！

じゃ，「どちらも好き」な人は，この図でどこに入るかわかるな？

うーん……，どちらもということは，モモとブドウが重なっている部分ってこと？

そのとおり！　この斜線の部分になるね。

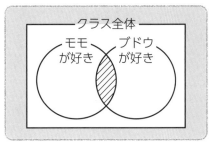

クラス全体
モモが好き　ブドウが好き

この長方形や円を使った図をベン図と呼ぶの。
1から100の中にある2と3の倍数について
ベン図を使って考えてみよう。斜線にはどんな数が入るかな？

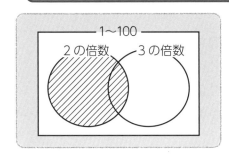

え？　2の倍数じゃないの？

大正解！　その調子で，ベン図でよく出てくるほかの部分も見てみよう。

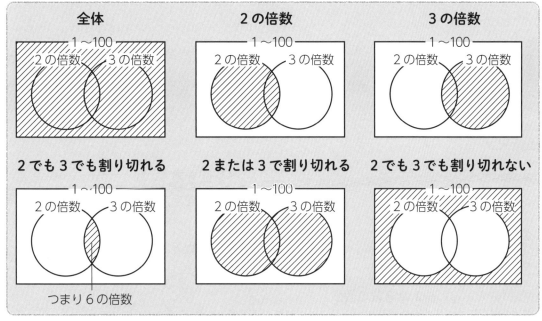

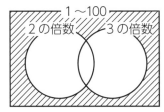が答えだね。でも，なんだか大変だなぁ……。

一気に全部見ると大変そうに見えるけれど，意味を考えればそれほど難しくないよ。ベン図を書いて，聞かれている部分を斜線でマークしてから問題を解いていこうね。

【ベン図】　1から100の中で，2でも3でも割り切れる整数はいくつありますか。

作業しよう

手順①

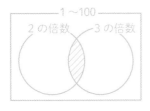

手順②　100 ÷ 6 ＝ 16 … 4

16個

① ベン図を書く。

　2で割り切れる → 2の倍数

　3で割り切れる → 3の倍数

　ベン図を書き，求める部分を斜線でマークする。

② 式で求める。

　斜線は2と3の公倍数，つまり6の倍数なので，

　1から100の中にある6の倍数の個数を求める。

　よって，16個。

【ベン図】　1から100の中で，2または3で割り切れる整数はいくつありますか。

作業しよう

手順①

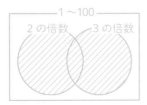

手順②
100 ÷ 2 ＝ 50　　←2の倍数の個数
100 ÷ 3 ＝ 33 … 1　←3の倍数の個数
100 ÷ 6 ＝ 16 … 4　←6の倍数の個数
50 ＋ 33 － 16 ＝ 67

67個

① ベン図を書く。

　ベン図を書き，求める部分を斜線でマークする。

② 式で求める。

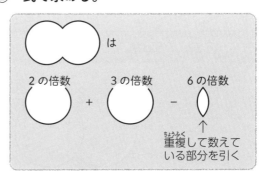

よって，67個。

やってみよう！

1から100の中で，2でも3でも割り切れない整数はいくつありますか。

ベン図を書いて
考えるニャ。

　［やってみよう！　解答］全体から2または3で割り切れる整数（STEPの問題）を引きます。100 － 67 ＝ 33（個）

HOP

【切り分け図】 縦8cm，横12cmの長方形の紙を，余りが出ないようにできるだけ大きい正方形に切り分けると，正方形の1辺は何cmになりますか。

図を書いて考えよう。余りが出ないように正方形に切り分けると，こんなふうになるね。

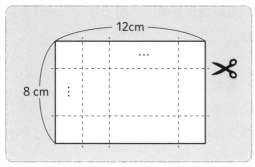

「余りが出ない＝割り切れる」ってことだから，縦は8の約数の長さに，横は12の約数の長さに切り分ければいいのかな？

そのとおり！　正方形に切り分けるということは，縦と横が同じ長さじゃないとダメだから，8と12の公約数になるね。

8と12の最大公約数は4だから，公約数は1，2，4。
最も大きい正方形の1辺は 4cm だね！

HOP

【しきつめ図】 縦6cm，横8cmの長方形のタイルをしきつめて正方形を作ると，最も小さい正方形の1辺の長さは何cmになりますか。

こちらも図を書いて考えよう。タイルをしきつめて正方形を作ると，こんなふうになるね。

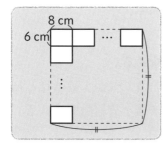

縦も横も×2，×3……と伸びていくから……。

つまり倍数だね。辺を伸ばして正方形にするには，縦と横の長さが同じじゃないとダメだから，6と8の公倍数になるね。

最も小さいってことは最小公倍数だから，正方形の1辺は24cm になるんだね！

【切り分け図】 縦20cm，横30cmの長方形の紙を，余りが出ないようにできるだけ大きい正方形に分けると，正方形は何枚できますか。

作業しよう

手順①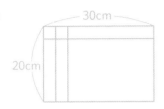

手順②
```
10) 20, 30
     2,  3
```

手順③
$20 \div 10 = 2$
$30 \div 10 = 3$
$2 \times 3 = 6$

6枚

① **図を書く。**

切り分け図を書く。図より，公約数を求める問題だということがわかる。

② **最大公約数を求める。**

できるだけ大きい正方形なので，1辺は20と30の最大公約数。すだれ算で最大公約数を求める。

③ **枚数を求める。**

縦は$20 \div 10 = 2$（分割），横は$30 \div 10 = 3$（分割）なので，できる正方形は$2 \times 3 = \underline{6}$（枚）。

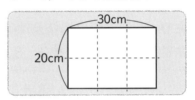

【しきつめ図】 縦12cm，横16cmの長方形のタイルをしきつめて，最も小さい正方形を作ると，タイルは何枚必要ですか。

作業しよう

手順①

手順②
```
2) 12, 16
2)  6,  8
    3,  4
```
$2 \times 2 \times 3 \times 4 = 48$

手順③
$48 \div 12 = 4$
$48 \div 16 = 3$
$4 \times 3 = 12$

12枚

① **図を書く。**

しきつめ図を書く。図より，公倍数を求める問題だということがわかる。

② **最小公倍数を求める。**

最も小さい正方形なので，1辺は12と16の最小公倍数。すだれ算で最小公倍数を求める。

③ **枚数を求める。**

縦は$48 \div 12 = 4$（枚），横は$48 \div 16 = 3$（枚）なので，必要なタイルは$4 \times 3 = \underline{12}$（枚）。

やってみよう！

縦15cm，横20cmの長方形のタイルをしきつめて，最も小さい正方形を作ると，タイルは何枚必要ですか。

32 ［やってみよう！ 解答］1辺の長さは15と20の最小公倍数の60cmになります。$60 \div 15 = 4$，$60 \div 20 = 3$より，$4 \times 3 = \underline{12}$（枚）。

(1) たて24cm，横36cm，高さ48cmの直方体があります。この直方体を同じ大きさの立方体に切り分けます。ただし，1辺の長さはできるだけ長くし，あまりがでないようにします。何個の立方体に分けられますか。

（大妻嵐山中学校　2022　第1回）

(1)「切り分ける」「1辺の長さはできるだけ長い」「あまりがでない」ことから，1辺の長さは最大公約数だとわかります。すだれ算を使うと，

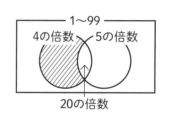

縦　24÷12＝2（個）

横　36÷12＝3（個）

高さ　48÷12＝4（個）

よって，2×3×4＝24（個）。

答え：　24個

(2) 1から99の整数の中で，4で割り切れるが5で割り切れないものはいくつありますか。

（大妻多摩中学校　2022　総合進学第1回）

(2) ベン図を書いて考えます。

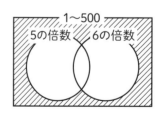

4の倍数　99÷4＝24…3

20の倍数　99÷20＝4…19

よって，24－4＝20（個）。

答え：　20

(3) 1から500までの整数の中で，5の倍数でも6の倍数でもない数は□個あります。

（東京都市大学付属中学校　2022　第1回）

(3) ベン図を書いて考えます。

5の倍数　500÷5＝100

6の倍数　500÷6＝83…2

30の倍数　500÷30＝16…20

よって，500－（100＋83－16）＝333（個）。

答え：　333

05 分数 〜がんばって解き方を覚えるべし〜

この単元のポイント

【既約分数の個数と和】
ベン図を利用する。

【分数間の分数】
不等号を使って式を書く。

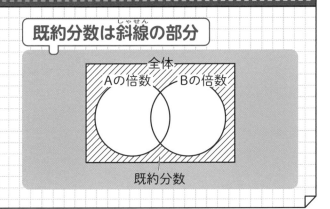

既約分数は斜線の部分

全体
Aの倍数　　Bの倍数

既約分数

HOP

【既約分数の個数と和】 $\dfrac{1}{12}$ から $\dfrac{12}{12}$ の中で，約分できない分数の個数と，それらの和を求めなさい。

書き出せばわかりそう。約分できないって，$\dfrac{1}{12}$ や $\dfrac{5}{12}$ のことだよね？

 そのとおり。この「約分できない分数」のことを，「既約分数（きやくぶんすう）」というの。「既（すで）に約分してある分数」という意味ね。

ふーん。とりあえず分数を全部書いて，約分できる分数を消してみるね。

$\dfrac{1}{12}$　$\dfrac{2}{12}$　$\dfrac{3}{12}$　$\dfrac{4}{12}$　$\dfrac{5}{12}$　$\dfrac{6}{12}$　$\dfrac{7}{12}$　$\dfrac{8}{12}$　$\dfrac{9}{12}$　$\dfrac{10}{12}$　$\dfrac{11}{12}$　$\dfrac{12}{12}$

既約分数は $\dfrac{1}{12}$, $\dfrac{5}{12}$, $\dfrac{7}{12}$, $\dfrac{11}{12}$ の $\underline{4}$ 個だね。そしてこの4つを足すと

$$\dfrac{1}{12}+\dfrac{5}{12}+\dfrac{7}{12}+\dfrac{11}{12}=\dfrac{24}{12}=2 \text{ で，和は} \underline{2} \text{だ！}$$

 大正解！　じゃ，もし「$\dfrac{1}{108}$ から $\dfrac{108}{108}$ の中で……」と聞かれたらどう？

108個も分数を書くのは面倒くさいから，あきらめる。

 たしかに108個も書いていられないよね。だから，簡単に求められる方法を教えちゃう！

へー，どんな方法だろう？

まず，分母の12を素因数分解します。

$$\begin{array}{r|l} 2 & 12 \\ \hline 2 & 6 \\ \hline \uparrow & 3 \end{array}$$
必ず素数で割る

 分母は $2 \times 2 \times 3$ だから，分子の約数に 2 か 3 が含まれていたら約分できるよね。

$\dfrac{1}{12}$	$\dfrac{2}{12}$	$\dfrac{3}{12}$	$\dfrac{4}{12}$	$\dfrac{5}{12}$	$\dfrac{6}{12}$	…
$\dfrac{1}{2 \times 2 \times 3}$	$\dfrac{\cancel{2}}{\cancel{2} \times 2 \times 3}$	$\dfrac{\cancel{3}}{2 \times 2 \times \cancel{3}}$	$\dfrac{\cancel{2} \times \cancel{2}}{\cancel{2} \times \cancel{2} \times 3}$	$\dfrac{5}{2 \times 2 \times 3}$	$\dfrac{\cancel{2} \times \cancel{3}}{\cancel{2} \times 2 \times \cancel{3}}$	…

 つまり，既約分数（約分できない分数）は，分子に 2 と 3 を含まないものだから，ベン図では斜線部分になるの。斜線部分はこんなふうに求められたね。

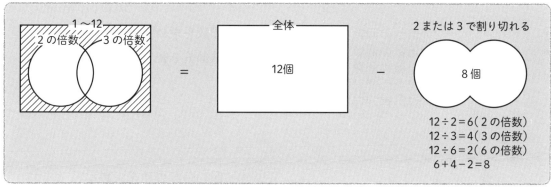

1〜12
2 の倍数　3 の倍数

全体
12個

2 または 3 で割り切れる
8 個

$12 \div 2 = 6$（ 2 の倍数）
$12 \div 3 = 4$（ 3 の倍数）
$12 \div 6 = 2$（ 6 の倍数）
$6 + 4 - 2 = 8$

 だから，既約分数の個数は，ベン図を書けば
$12 \div 2 = 6$，$12 \div 3 = 4$，$12 \div 6 = 2$ より，$12 - (6 + 4 - 2) = \underline{4}$（個）
と求められるわけ。

こんなに楽に解けるんだ！

 既約分数を，両端から順にペアで足してみると，どれも同じ答え（＝1）になるでしょ？　これを利用すると，既約分数の和はこんなふうに求められるよ。

$$\dfrac{1}{12} + \dfrac{11}{12} = 1$$

$$\dfrac{1}{12} + \dfrac{5}{12} + \dfrac{7}{12} + \dfrac{11}{12} = \left(\dfrac{1}{12} + \dfrac{11}{12} \right) \times 4 \div 2 = \underline{2}$$

初めの数　最後の数　個数　ペアにする

$$\dfrac{5}{12} + \dfrac{7}{12} = 1$$

へー！　端と端を足すと 1 になるなんて面白いなぁ。
最後に 2 で割るのを忘れないようにしないとね！

【既約分数の個数と和】 $\dfrac{1}{36}$ から $\dfrac{36}{36}$ の中で，既約分数の個数とその和を求めなさい。

作業しよう

手順①

$$2\,\underline{)\,36}$$
$$2\,\underline{)\,18} \qquad 36 = 2 \times 2 \times 3 \times 3$$
$$3\,\underline{)\,9}$$
$$3$$

手順②

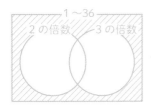

手順③

$36 \div 2 = 18$ ←2の倍数の個数
$36 \div 3 = 12$ ←3の倍数の個数
$36 \div 6 = 6$ ←6の倍数の個数
$18 + 12 - 6 = 24$ ←2または3で割り切れる個数
$36 - 24 = 12$ ←斜線部分の個数

12個

手順④

$$\left(\dfrac{1}{36} + \dfrac{35}{36}\right) \times 12 \div 2 = 6 \qquad\qquad 6$$

① **分母を素因数分解する。**
すだれ算を使って36を素因数分解する。
素数（約数が2個）でどんどん割っていく。

② **ベン図を書く。**
$36 = 2 \times 2 \times 3 \times 3$ なので，36に含まれる素数
（2と3）でベン図を書き，既約分数の範囲を
斜線でマークする。

③ **個数を求める。**
斜線部分を式で求める。

④ **既約分数の和を求める。**
既約分数の和は
（初めの数＋最後の数）×個数÷2 より
$$\left(\dfrac{1}{36} + \dfrac{35}{36}\right) \times 12 \div 2 = 6$$

よって，既約分数は12個で，和は6。

やってみよう！

$\dfrac{1}{24}$ から $\dfrac{24}{24}$ の中で，既約分数の個数とその和を求めなさい。

必ずベン図を
書くニャ。

［やってみよう！ 解答］24＝2×2×2×3なので2と3でベン図を書きます。(個数) 8個，(和) 4。

【分数間の分数】 $\dfrac{1}{4}$ と $\dfrac{5}{6}$ の間にある分母が12の既約分数をすべて求めなさい。

 これは，不等号（ ＞ ， ＜ ）を使って式にしてみるよ。 不等号は開いているほうが大きいことを表すので，3 と 4 なら「3 ＜ 4」って書くよ。

$$\dfrac{1}{4} < \dfrac{\square}{12} < \dfrac{5}{6}$$

何だか通分したくなってくるなぁ。

 その感覚はとっても大切！ じゃあ，通分してみて。

4 と 6 を通分すると分母は12だね。

$$\dfrac{1}{4} < \dfrac{\square}{12} < \dfrac{5}{6} \ \rightarrow \ \dfrac{3}{12} < \dfrac{\square}{12} < \dfrac{10}{12}$$

 "分母が12の既約分数"ということは，約分できない分数ということだよね。

約分できると分母が12じゃなくなっちゃうもんね。ということは，

$$\dfrac{\cancel{4}}{12}, \ \dfrac{5}{12}, \ \dfrac{\cancel{6}}{12}, \ \dfrac{7}{12}, \ \dfrac{\cancel{8}}{12}, \ \dfrac{\cancel{9}}{12}$$

だから，答えは $\dfrac{5}{12}$ と $\dfrac{7}{12}$ だね！

 とってもよくできました🌸

【分数間の分数】 $\frac{2}{3}$と$\frac{4}{5}$の間にある分母が6の既約分数をすべて求めなさい。

作業しよう

手順① $\frac{2}{3}<\frac{□}{6}<\frac{4}{5}$

① **不等号を使って式を書く。**
　右にいくほど数が大きくなるように書く。

手順② $\frac{2}{3}<\frac{□}{6}<\frac{4}{5}$ → $\frac{20}{30}<\frac{□}{30}<\frac{24}{30}$

② **通分する。**
　3，6，5の最小公倍数は30なので，分母を30にそろえる。

手順③ $\frac{20}{30}<\frac{□}{30}<\frac{24}{30}$
　　　　↓
　　21，22，23
　　　　30

　　　　　$\frac{23}{30}$

③ **既約分数（約分できない分数）を選ぶ。**
　分数を
$$\frac{21}{30}, \frac{22}{30}, \frac{23}{30}$$
とすべてきちんと書き出して考えてもいいが，手間になるので，左図のように分子のみ書き出して考えると楽。

よって，$\frac{23}{30}$。

やってみよう！

$\frac{3}{8}$と$\frac{2}{3}$との間にある分母が6の既約分数をすべて求めなさい。

不等号を使って
書いてみるニャ。

［やってみよう！　解答］8と3と6の最小公倍数24に通分します。$\frac{11}{24}$，$\frac{13}{24}$。

(1) $\dfrac{3}{4}$ より大きく $\dfrac{8}{9}$ より小さいこれ以上約分できない分

数のうち，分母が36であるものは [＿＿＿] 個です。

（関西大倉中学校　2022）

(2) $\dfrac{\boxed{}}{4}$ は，$\dfrac{29}{7}$ より大きく $\dfrac{30}{7}$ より小さい数です。

[＿＿＿] にあてはまる整数を求めなさい。

（ノートルダム清心中学校　2022）

---

(1) 不等号を使って式を書き，通分します。

$$\dfrac{3}{4} < \dfrac{\square}{36} < \dfrac{8}{9}$$
$$\downarrow$$
$$\dfrac{27}{36} < \dfrac{\square}{36} < \dfrac{32}{36}$$

$\square = 28,\ 29,\ 30,\ 31$

約分できる

答え：　2

05

分数

(2) 不等号を使って式を書き，通分します。

$$\dfrac{29}{7} < \dfrac{\square}{4} < \dfrac{30}{7}$$
$$\downarrow$$
$$\dfrac{116}{28} < \dfrac{7 \times \square}{28} < \dfrac{120}{28}$$

$7 \times \square = 117,\ 118,\ 119$

7の倍数ではない
$7 \times \square = 119$ より
$\square = 119 \div 7 = 17$

答え：　17

06 規則性①（群数列）〜グループを見抜けば楽勝〜

この単元のポイント

【群数列の□番目】
グループに区切る。
グループ番号をつける。

【群数列の和・個数】
1つ目のグループを利用する。

> **グループごとに必ず区切る**
>
> 1，2，3，2，3，4，3，4，5，4，…
>
> ↓
>
> 1，2，3／2，3，4／3，4，5／4，…

HOP

【群数列の□番目】 1，2，3，4，1，2，3，4，1，2，3，4，1，2，……と続く数列の30番目の数を求めなさい。

 今回から3回にわたって「規則性」を勉強していきまーす。

えー，3回も〜!?

 いろいろなパターンがあるからね。「規則性」は読んで字のごとく「規則を手がかりにして解く」問題なの。その中でも，数字が並んでいるものを「数列」と呼ぶよ。今回はグループ（群）ごとに分けられる「群数列」を扱うね。この数列はどんなふうに分けられるかな？

> 1，2，3，4，1，2，3，4，1，2，3，4，1，2，……

こんなの簡単じゃん。「1，2，3，4」がくり返されてるんでしょ。

 すぐ規則を発見できたじゃない！ じゃ，この数字の30番目はいくつかわかる？

……書き出して数える？

 それは大変だから，別の方法で考えよう。まずはこの数列をグループごとに区切って，グループ番号を付けるね。

1グループ　　　　2グループ　　　　3グループ
1，2，3，4／1，2，3，4／1，2，3，4／1，2，……

さぁ，30番目の数は何グループにあるかわかるかな？

えっと……，全然（ぜんぜん）わからない。

じゃあ，聞き方（か）を変えるね。30番目までに4個セットのグループは何個できるかな？

とりあえず30÷4＝7…2　でいいのかな……？

06

規則性①（群数列）

30÷4＝7…2の7と2が何を表しているかわかる？

……。

じゃあ，1，2，3，4の4個セットをこんなふうに並べてみるね。

1グループ　　2グループ　　3グループ　　4グループ　　5グループ　　6グループ　　7グループ
1, 2, 3, 4　1, 2, 3, 4　1, 2, 3, 4　1, 2, 3, 4　1, 2, 3, 4　1, 2, 3, 4　1, 2, 3, 4　1, 2

そっか，1，2，3，4が7グループできて，数字が2個余（あま）るってことだね。

今，「7グループできて数字が2個余る」って言ってくれたけど，どんな数が余るかな？

1，2，3，4と順番（じゅんばん）にくり返されているから，1と2が余るね。

その余りを詳（くわ）しく見てみると……,

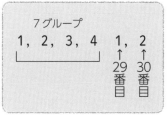

7グループまでに4×7＝28個の数字を使っているから，残（のこ）りは29番目と30番目になるんだ！
だから，30番目は 2 になるんだね。

そのとおり！　式を解くときに30÷4＝7（グループ）…2　と単位を書（たん い）くと，何がグループで，何が余りを示（しめ）しているかわかりやすくなるよ。

【群数列の□番目】 1，3，0，1，8，1，3，0，1，8，1，3，……と続く数列の88番目の数を求めなさい。

作業しよう

手順① 1，3，0，1，8／1，3，0，1，8／1，3，…

① グループに区切る。

　5個で1セットになっていることがわかる。

手順② 88÷5＝17（グループ）…3

② グループ数を求める。

　88番目までに何グループあるかを求める。商がグループ数になる。必ず単位を書く。

手順③ 88÷5＝17（グループ）… 3
　　　　　　　　　　　　　1，3，0

　　　　　　　　　　　　　　　　　　　0

③ 17グループでき，数字が3個余ることがわかる。88番目は余った数字の3個目。余った数字は1，3，0なので0。

やってみよう！

2，2，0，5，2，2，0，5，2，2，0，5，2，2，……と続く数列の55番目の数を求めなさい。

区切ってグループ番号を
書くニャ。

42
[やってみよう！ 解答] 4個ずつ区切れるので55÷4＝13…3　余りは2，2，0なので，0。

【群数列の和・個数】 1，2，3，4，1，2，3，4，1，2，3，4，1，2，……と続く数列の30番目までの和を求めなさい。

今度は和⁉ 1＋2＋3＋4＋1＋2＋……を30個も足すなんて気が遠くなる……。

もちろん楽に解こう！ 区切ってグループ番号を付けてみるね。

1グループ	2グループ	3グループ	4グループ	5グループ	6グループ	7グループ	
1，2，3，4	1，2，3，4	1，2，3，4	1，2，3，4	1，2，3，4	1，2，3，4	1，2，3，4	1，2

↑　↑
29　30
番　番
目　目

1つのグループの和はいくつかな？

1＋2＋3＋4＝10だよ。

そのグループの和をうまく利用できないかな？

そうか，グループが7個あるから，

$$\underset{\substack{1つの\\グループ\\の和}}{\underline{10}} \times \underset{グループ}{\underline{7}} + \underset{\substack{余り\\ \uparrow \quad \uparrow \\ 29 \quad 30 \\ 番 \quad 番 \\ 目 \quad 目}}{\underline{1+2}} = \underline{73}$$

で求められるね。なんだ，簡単だね。

ちなみに，この30個の中に「1」はいくつあるかな？

1つのグループに1は1個あるでしょ。それが7グループあって，
余りにも1個あるから，7＋1＝8（個）でいいのかな？

大正解！ とってもよくできました🌸

【群数列の和・個数】　1，1，3，9，1，1，3，9，1，1，3，……と続く数列の50番目までの和を求めなさい。また，50番目までに1が何個あるか求めなさい。

作業しよう

手順①　　1グループ　　2グループ
　　　　　1，1，3，9／1，1，3，9／1，1，3，…

① グループに区切る。

　4個で1セットになっていることがわかる。

手順②　50÷4＝12（グループ）…2
　　　　　　　　　　　　　　　　　　1，1

② グループ数を求める。

　50番目までに何グループあるかを求める。商がグループ数なので，必ず単位を書く。

手順③　1＋1＋3＋9＝14

③ ［和の求め方］
　1つのグループの和を求める。
　1グループ内の数字を足す。

手順④　14×12＋1＋1＝170

170

④ 全体の和を求める。
　グループの和の合計と余りを足すと
$$\underset{\substack{1つの\\グループの和}}{14} \times \underset{グループ}{12} + \underset{余り}{1+1} = 170$$

手順⑤　2×12＋2＝26

26

⑤ ［個数の求め方］
　1つのグループに含まれる1を数える。
　1，1，3，9なので1は2個。
$$\underset{\substack{1つの\\グループに\\含まれる\\1の個数}}{2} \times \underset{グループ}{12} + \underset{\substack{余りに\\含まれる\\1の個数}}{2} = 26$$

　よって，和は170。1の個数は26個。

やってみよう！

6，3，9，9，1，6，3，9，9，1，6，3，9，9，……と続く数列の70番目までの和を求めなさい。また，70番目までに9が何個あるか求めなさい。

1つのグループに含まれる数字に着目するニャ。

［やってみよう！　解答］5個ずつ区切れるので70÷5＝14（グループ）。今回は余りなし。
　　　　　　1グループの和は6＋3＋9＋9＋1＝28なので28×14＝392より和392。2×14＝28より，9の個数28個。

(1) 1, 2, 3, 4, 5, 1, 2, 3, 4, 5, 1, …のように, 1から5までの数がくり返し並んでいます。左から数えて1番目から111番目の数の和は▢です。

（広尾学園中学校　2022　第1回）

(1) 5つずつのグループに区切ることができます。

> 1, 2, 3, 4, 5／1, 2, 3, 4, 5／1, …

111番目までに
111÷5＝22（グループ）…1
1グループの和は1＋2＋3＋4＋5＝15
なので,
15×22＋1＝331。

答え：　331

(2) $\frac{9}{37}$を小数で表すと, 小数第4位の数は▢で, 小数第2022位の数は▢です。

（近畿大学附属中学校　2022）

(2) 9÷37＝0.24324324…となります。
よって, 小数第4位の数は2。
また, 2, 4, 3の3つずつのグループに区切ることができます。
2022までに

> 0.243／243／24…

2022÷3＝674（グループ）
できるので, 小数第2022位の数は647グループの最後の数とわかります。よって, 3。

答え：　2, 3

(3) 1, 3, 5, 7, 1, 3, 5, 7, …のように, 1, 3, 5, 7の4種類の数がくり返し並んでいます。
最初から82番目までをすべてたすと, いくつになるか求めなさい。

（金城学院中学校　2022）

(3) 4つずつのグループに区切ることができます。

> 1, 3, 5, 7／1, 3, 5, 7／…

82÷4＝20（グループ）…2
1グループの和は1＋3＋5＋7＝16
なので,
16×20＋1＋3＝324。

答え：　324

この単元のポイント

【等差数列の□番目】
「初めの数」と「公差」に注目する。
間の数がいくつあるか考える。

【等差数列の和】
数列を逆に足すと同じ数が生まれる。

等差数列の公式は2つ

公式❶
□番目の数＝初めの数＋公差×（□−1）

公式❷
等差数列の和
＝（初めの数＋最後の数）×個数÷2

HOP

【等差数列の□番目】 3，7，11，15，19，23，……と続く数列の10番目の数を求めなさい。

 さて，この数列にはどんな特徴があるかな？

4ずつ増えていると思う。

 そうだね，4ずつ増えるとも，差が4とも言えるね。
こんなふうに差が等しい数列を等差数列，そして差のことを公差と呼ぶよ。
「公」には共通という意味があったよね。

10番目は，数字を4ずつ増やして書き出せばいいんでしょ？

 うーん，今は10番目だから書き出しても解けるけど，
100番目を聞かれたら困るよね。

それは，面倒くさい……。

 だから，別の方法を考えよう！　木を使って考えてみるね。

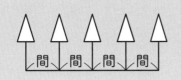

木が 5 本あると，木と木の間はいくつあるかな？

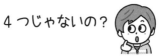

4 つじゃないの？

そのとおり！　つまり，「木の数－1＝間の数」になるね。

木の数	2	3	4	←木の数－1＝間の数
間の数	1	2	3	

これを，さっきの等差数列に当てはめてみよう。数字を木として考えてみるよ。木が10本（10番目まで）並んでいると，間はいくつかな？

間は10－1＝9（個）！

そのとおり！　そして，木と木の間が 4 ずつ離れていると考えてみると，1 番目から10番目までどれだけ離れているかな？

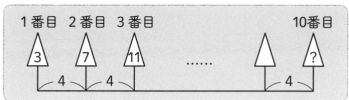

えっと，4×9＝36ってこと？

そうだね。つまり，**1 本目（1 番目）の 3 から36離れている**から，10本目（10番目）は 3＋36＝<u>39</u>になる，というわけ。

ふーん……，ねぇ先生，もう一回初めから整理してほしい！

もちろん！　等差数列の□番目はこうやって考えるよ。

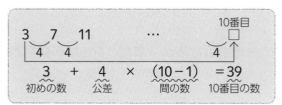

$$\underset{初めの数}{3} + \underset{公差}{4} \times \underset{間の数}{(10-1)} = \underset{10番目の数}{39}$$

つまり，これを公式にすると

公式❶　□番目の数＝初めの数＋公差×（□－1）

となるの。公式を丸覚えするより，木と間の関係を考えて解くほうが確実だよ！

07

規則性②（等差数列）

【等差数列の□番目】　2，5，8，11，14，17，……と続く数列の15番目の数を求めなさい。

作業しよう

手順① 2，5，8，11，14，17…
　　　　 3　 3 …

手順② 15−1＝14

手順③ 2＋3×（15−1）＝44

44

① 初めの数と公差に注目する。

　初めの数は2，公差は2，5，8，……なので3。

② 間の数がいくつあるか考える。

　15番目なので，間は15−1＝14（個）。

③ 公式❶で求める。

　15番目は「初めの数」から「公差3」が「14個」
　ぶん離れたところにあるので，

$$\underset{初めの数}{2} + \underset{公差}{3} \times \underset{間の数}{(15-1)} = \underset{15番目の数}{44}$$

よって，15番目の数は44。

【等差数列の□番目】　2，5，8，11，14，17，……と続く数列の83は何番目かを求めなさい。

作業しよう

手順① 2，5，8，11，14，17…
　　　　 3　 3 …

手順② 2＋3×（□−1）＝83
　　　　 3×（□−1）＝81
　　　　　　　 □−1＝27
　　　　　　　　 □＝28

28番目

① 初めの数と公差に注目する。

　初めの数は2，公差は2，5，8，……なので3。

② 公式❶で求める。

　□番目を求める式に当てはめて計算する。

　2＋3×（□−1）＝83 より

　□＝28（番目）。

やってみよう！

5，13，21，29，37，45……と続く数列の35番目の数を求めなさい。また，605は何番目かを求めなさい。

□番目＝初めの数＋公差×
（□番目−1）だニャ。

48　［やってみよう！　解答］初めの数5，公差8の等差数列。5＋8×（35−1）＝277　　5＋8×（□−1）＝605 より，76番目。

【等差数列の和】　1から100までの和を求めなさい。

100個も足すのはイヤだな。でも，きっと楽に計算できる方法があるんだよね。

そう，算数は何でもガムシャラに解くのではなく，どうしたら簡単に解けるかを考える科目なのよ。
じゃ，1＋2＋3＋…＋99＋100の式をこんなふうにあべこべに並べて，縦に足してみよう。

```
　1 ＋ 2 ＋ 3 ＋……＋ 98 ＋ 99 ＋100 ←(ア)
＋)100＋ 99 ＋ 98 ＋……＋ 3 ＋ 2 ＋ 1 ←(イ)
 101＋101＋101＋……＋101＋101＋101 ←(ア)＋(イ)
```

わ！　すごい，全部101になった!!

101が100個あるから，(ア)＋(イ)は101×100になるね。
でも，聞かれているのは(ア)だけだから……。

そっか，2で割らないとダメだよね。

そのとおり！　これを1つの式にすると，

$$(\underset{初めの数}{1} ＋ \underset{最後の数}{100}) × \underset{個数}{100} ÷ 2 ＝ 5050$$

になるね。
ちなみに101は今みたいに「初めの数」と「最後の数」を足すのが一番わかりやすいよ。
これを公式にすると，

　公式❷　等差数列の和＝（初めの数＋最後の数）×個数÷2

これ，実は数学者のガウスが小学生のときに思いついたといわれているの。
ガウスは19世紀ドイツの数学者だよ。

へー，この問題を解くと，ちょっとガウスになった気分になれるね♪

【等差数列の和】 　5，11，17，23，29，35，……と続く数列の30番目までの和を求めなさい。

作業しよう

手順① 　$5 + 6 \times (30 - 1) = 179$

手順② 　$(5 + 179) \times 30 \div 2 = 2760$

2760

① 　最後の数を求める。

初めの数5，公差6の等差数列の30番目の数を求める。

公式❶ 　□番目の数＝初めの数＋公差×（□－1）

を利用する。

② 　公式❷で和を求める。

等差数列の和は

公式❷ 　（初めの数＋最後の数）×個数÷2

で求められる。

よって，和は2760。

やってみよう！①

24，31，38，45，52，59，……と続く数列の20番目までの和を求めなさい。

和を求めるには「初めの数」と
「最後の数」が必要だニャ。

やってみよう！②

1，4，7，10，13，16，……と続く数列の49番目までの和を求めなさい。

[やってみよう！ 解答] ① 　20番目は $24 + 7 \times (20 - 1) = 157$ なので，和は $(24 + 157) \times 20 \div 2 = \underline{1810}$ 。
② 　49番目は $1 + 3 \times (49 - 1) = 145$ なので，和は $(1 + 145) \times 49 \div 2 = \underline{3577}$ 。

(1) 次のような決まりで数が並んでいます。

　6，13，20，27，34，41，…

　① 265はこの数列の何番目の数ですか。

　② 30番目の数を求めなさい。

　③ 55番目までの和を求めなさい。

（オリジナル問題）

(1) 初めの数6，公差7の等差数列です。

① $6 + 7 \times (\square - 1) = 265$ より，

$\square = 38$

答え：　38番目

② $6 + 7 \times (30 - 1) = 209$

答え：　209

③ 55番目の数は，

$6 + 7 \times (55 - 1) = 384$

55番目までの和は，

$(6 + 384) \times 55 \div 2 = 10725$

答え：　10725

07

規則性②（等差数列）

(2) 次のような決まりで数が並んでいます。

　420，417，414，411，408，…

　① 180はこの数列の何番目の数ですか。

　② 60番目の数を求めなさい。

　③ 23番目までの和を求めなさい。

（オリジナル問題）

(2) 初めの数420，公差3の等差数列です。
なお，この数列は3ずつ数が減っています。

① $420 - 3 \times (\square - 1) = 180$

増えるときは＋
減るときは－

$\square = 81$

答え：　81番目

② $420 - 3 \times (60 - 1) = 243$

答え：　243

③ 23番目の数は，

$420 - 3 \times (23 - 1) = 354$

23番目までの和は，

$(420 + 354) \times 23 \div 2 = 8901$

答え：　8901

08 規則性③（分数・図形）〜表整理がすべてのカギ〜

この単元のポイント

【分数列】
分子・分母に注目してグループに区切る。
グループ番号と分子・分母の関係を見つける。

【図形の規則性】
情報を表に整理する。

図の規則性は数字に置き換える

番目	1	2	3	4
ご石の数	1	3	6	10

HOP

【分数列】 この分数列の $\frac{5}{7}$ が何番目か求めなさい。また，40番目の分数を求めなさい。

$$\frac{1}{1}, \ \frac{1}{2}, \ \frac{2}{2}, \ \frac{1}{3}, \ \frac{2}{3}, \ \frac{3}{3}, \ \frac{1}{4}, \ \frac{2}{4}, \ \frac{3}{4}, \ \frac{4}{4}, \ \frac{1}{5}, \ \cdots\cdots$$

うわ，分数が並んでる！

 分数が並ぶ数列を分数列と呼ぶの。
群数列で勉強した「グループ分け」を使うよ。

え？　これもグループ分けが使えるの？　どんなグループになるかなぁ……。

 分母に注目して分けてごらん。群数列のときみたいに，グループ番号も書いてみよう。

1グループ	2グループ	3グループ	4グループ	
$\frac{1}{1}$	$\frac{1}{2}, \ \frac{2}{2}$	$\frac{1}{3}, \ \frac{2}{3}, \ \frac{3}{3}$	$\frac{1}{4}, \ \frac{2}{4}, \ \frac{3}{4}, \ \frac{4}{4}$	$\frac{1}{5}, \ \cdots\cdots$

へー，こんなふうに分けられるんだ。しかもグループ番号と分母が同じ数字になってる。

 よく気がついたね！　そう，グループ番号ってすごく大切なの。
じゃ，$\frac{5}{7}$ は何グループにあるかな？

7グループ！

正解！ 7グループは$\frac{1}{7}$, $\frac{2}{7}$, $\frac{3}{7}$, $\frac{4}{7}$, $\frac{5}{7}$, $\frac{6}{7}$, $\frac{7}{7}$と分数が並んでいるから，$\frac{5}{7}$は7グループの5番目だとわかるね。あわせて各グループに分数が何個あるか，表で整理するね。

分数列	$\frac{1}{1}$	$\frac{1}{2}, \frac{2}{2}$	$\frac{1}{3}, \frac{2}{3}, \frac{3}{3}$	$\frac{1}{4}, \frac{2}{4}, \frac{3}{4}, \frac{4}{4}$	…	$\frac{1}{6}, \frac{2}{6}, \frac{3}{6}, \frac{4}{6}, \frac{5}{6}, \frac{6}{6}$	$\frac{1}{7}, \frac{2}{7}, \frac{3}{7}, \frac{4}{7}, \frac{5}{7}$
グループ	1	2	3	4	…	6	7
個数	1個	2個	3個	4個	…	6個	ここだけ5個

個数もグループ番号と一緒だ！ ということは，6グループまでに分数は 1+2+3+4+5+6＝21（個）。$\frac{5}{7}$は7グループの5番目だから，21+5＝<u>26番目</u>だね！

そのとおり！ 実際に解くときはこんなふうに表に整理すると，とても解きやすくなるよ。さて，40番目の分数は何グループにあるか見当をつけてみよう。

見当をつける？ どうやって？

1から10までの整数をすべて足すといくつになるか知ってる？

等差数列の和を使うと (1+10)×10÷2＝55 だね。

「1～10の和＝55」は，よく使うから覚えておこう。これを利用すると，
1～9の和は＝55－10＝45
1～8の和は＝45－9＝36
となって，8グループまでに分数が36個あるから，
40番目は9グループの4番目とわかるね。

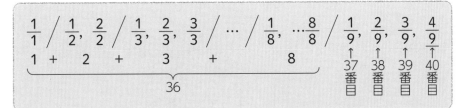

計算と書き出しの合わせ技とは！ 1から10までの和を使うなんて考えもしなかったよ。

グループに分けたときは，必ずグループ番号などで整理しようね。

STEP

【分数列】 次のように続く分数列の $\dfrac{5}{6}$ が何番目か求めなさい。

$$\dfrac{1}{1},\ \dfrac{2}{1},\ \dfrac{1}{2},\ \dfrac{3}{1},\ \dfrac{2}{2},\ \dfrac{1}{3},\ \dfrac{4}{1},\ \dfrac{3}{2},\ \dfrac{2}{3},\ \dfrac{1}{4},\ \dfrac{5}{1},\ \cdots\cdots$$

✎ 作業しよう

手順①

$\dfrac{1}{1}$ / $\dfrac{2}{1},\ \dfrac{1}{2}$ / $\dfrac{3}{1},\ \dfrac{2}{2},\ \dfrac{1}{3}$ / $\dfrac{4}{1},\ \dfrac{3}{2},\ \dfrac{2}{3},\ \dfrac{1}{4}$ / $\dfrac{5}{1}$ $\cdots\cdots$

手順②

$\dfrac{1}{1}$ / $\dfrac{2}{1},\ \dfrac{1}{2}$ / $\dfrac{3}{1},\ \dfrac{2}{2},\ \dfrac{1}{3}$ / $\dfrac{4}{1},\ \dfrac{3}{2},\ \dfrac{2}{3},\ \dfrac{1}{4}$ / $\dfrac{5}{1}$ $\cdots\cdots$

グループ	1	2	3	4	$\cdots$
個数	1	2	3	4	$\cdots$
分子＋分母	2	3	4	5	$\cdots$

手順③

$\dfrac{1}{1}$ / $\dfrac{2}{1},\ \dfrac{1}{2}$ / $\dfrac{3}{1},\ \dfrac{2}{2},\ \dfrac{1}{3}$ / $\dfrac{4}{1},\ \dfrac{3}{2},\ \dfrac{2}{3},\ \dfrac{1}{4}$ /

グループ	1	2	3	4	10
個数	1	2	3	4	10
分子＋分母	2	3	4	5	11

+1

手順④　$1+2+3+\cdots+9+6=51$

51番目

① **分数列をグループに区切る。**

今回は分母に注目するとグループを見つけやすい（何に注目するかは分数列による）。

② **情報を整理する。**

グループ番号，分数の個数を表に整理する。今回は「分子＋分母」にも特徴があるので，その情報も書き込む。

③ **表から特徴を見つける。**

「分子＋分母」は「グループ番号＋1」という特徴がある。

$\dfrac{5}{6}$ の和11（分子＋分母）を表に追加すると，$\dfrac{5}{6}$ は10グループにあることがわかる。

④ **式で求める。**

どのグループも分母が1からスタートしているので，$\dfrac{5}{6}$ は10グループの6番目。

> 1〜9の和は，1〜10の和が55であることを利用します。

$$\underbrace{1+2+3+\cdots+9}_{\substack{1〜9グループに\\含まれる分数の個数}}\ +\ \underbrace{6}_{\substack{10グループ\\の6番目}}\ =45+6=51$$

よって，51番目。

やってみよう！

$\dfrac{1}{1},\ \dfrac{1}{2},\ \dfrac{2}{2},\ \dfrac{1}{3},\ \dfrac{2}{3},\ \dfrac{3}{3},\ \dfrac{1}{4},\ \cdots\cdots$ と続く分数列の $\dfrac{4}{12}$ が何番目か求めなさい。

> 必ず表に整理するニャ。

[やってみよう！ 解答] 分子に注目すると，1個，2個，3個…と区切ることができます。分母とグループ番号が一致しているので，$\dfrac{4}{12}$ は12グループの4番目とわかります。よって $\underbrace{1+2+3+\cdots+11}_{1〜11グループに含まれる分数の個数}+\underbrace{4}_{12グループの4個}=70$（番目）。

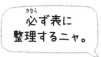

【図形の規則性】　ご石を図のように順に並べるとき，7番目の正三角形に使うご石の個数を求めなさい。

1番目　2番目　3番目　4番目

 さぁ，**今回も要素を整理するよ。**

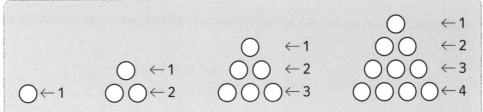

番目	1	2	3	4	…
ご石の個数（個）	1 (1)	3 (1+2)	6 (1+2+3)	10 (1+2+3+4)	

ふーん，ご石の個数はこんな式にできるんだ。でもどうしてだろう？

 ご石を上から順番に足してごらん。

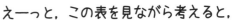

なるほど〜，こうなっているのか！

 表に整理すると，どんなルールが隠れているかも見つけやすくなるの。

なんだかワクワクするね！
えーっと，この表を見ながら考えると，
7番目の正三角形のご石の個数は 1+2+3+4+5+6+7 だね。
だから（1+7）×7÷2＝<u>28（個）</u>だ！

 よくできました！

【図形の規則性】　1辺が1cmの正方形を順に並べていくとき，10番目の正方形の個数と周りの長さを求めなさい。

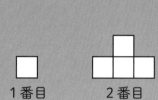
1番目

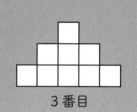
2番目

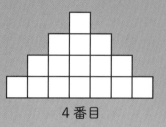
3番目

4番目

 **作業しよう**

手順①

番目	1	2	3	4	…
正方形の個数	1	4	9	16	…
周りの長さ	4	10	16	22	…

① **要素を整理する。**

何番目，正方形の個数などを表に整理する。

手順②

番目	1	2	3	4	…
正方形の個数	1×1 1	2×2 4	3×3 9	4×4 16	
周りの長さ	4	10	16	22	…

+6　+6　+6

② **表から関係を見つける。**

正方形の個数は「□番目×□番目」になっている。

周りの長さは，初めの数4，公差6の等差数列になっている。

手順③　10×10＝100
　　　　4＋6×(10－1)＝58

100個，58cm

③ **表の関係を利用して求める。**

10番目の正方形の個数は 10×10＝<u>100</u>（個）。

このときの周りの長さは 4＋6×(10－1)＝<u>58</u>(cm)。

やってみよう！

三角形のタイルを順に並べていくとき，7段の三角形の一番下の段に並ぶタイルの枚数を求めなさい。

1番目

2番目

3番目

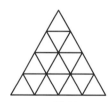
4番目

情報を表に整理するニャ。

[やってみよう！　解答] 一番下の段は，1，3，5，7……と増えていく。初めの数1，公差2の等差数列なので，1＋2×(7－1)＝<u>13</u>(枚)。

入試問題にチャレンジしてみよう!
（右側を隠して解いてみよう）

(1) 次のように，ある規則にしたがって数が並んでいます。

$$\frac{1}{1}, \quad \frac{1}{2}, \quad \frac{2}{2}, \quad \frac{1}{3}, \quad \frac{2}{3}, \quad \frac{3}{3}, \quad \frac{1}{4}, \quad \frac{2}{4}, \quad \frac{3}{4}, \quad \frac{4}{4}, \quad \frac{1}{5}, \cdots$$

このとき，50番目までの数をすべて足すといくつになりますか。

（帝京大学中学校　2022　第1回）

(2) 分数が以下のように規則的に並んでいます。

$$\frac{1}{2}, \quad \frac{1}{2}, \quad \frac{1}{3}, \quad \frac{1}{3}, \quad \frac{1}{3}, \quad \frac{1}{4}, \quad \frac{1}{4}, \quad \frac{1}{4}, \quad \frac{1}{4}, \quad \frac{1}{5}, \quad \frac{1}{5}, \quad \frac{1}{5},$$

$$\frac{1}{5}, \quad \frac{1}{5}, \cdots$$

次の問いに答えなさい。
①35番目の分数は何ですか。
②最初の分数から，50番目までに並んだ分数をすべて足し合わせるといくつですか。

（跡見学園中学校　2022　第1回）

---

(1) グループに区切り，情報を整理します。

	$\frac{1}{1}$	$\frac{1}{2}, \frac{2}{2}$	$\frac{1}{3}, \frac{2}{3}, \frac{3}{3}$	$\frac{1}{4}, \frac{2}{4}, \frac{3}{4}, \frac{4}{4}$	$\frac{1}{5}, \cdots$
グループ	1	2	3	4	
個数	1	2	3	4	
和	1	$1\frac{1}{2}$	2	$2\frac{1}{2}$	

50番目の数が何グループかを求めるため，1〜10の和が55であることを利用します。

1〜10の和＝55

1〜9の和＝45

9グループ目までに数が45個あるので，50番目の数は10グループの5番目とわかります。50番目までの和は，

$$\underbrace{1+1\frac{1}{2}+2+2\frac{1}{2}+3+3\frac{1}{2}+4+4\frac{1}{2}+5}_{\text{1〜9グループの和}}+\underbrace{\frac{1}{10}+\frac{2}{10}+\frac{3}{10}+\frac{4}{10}+\frac{5}{10}}_{\text{10グループの5個}}=28\frac{1}{2}$$

答え：　$28\frac{1}{2}$

(2) グループに区切り，情報を整理します。

	$\frac{1}{2}, \frac{1}{2}$	$\frac{1}{3}, \frac{1}{3}, \frac{1}{3}$	$\frac{1}{4}, \frac{1}{4}, \frac{1}{4}, \frac{1}{4}$	$\frac{1}{5}, \frac{1}{5}, \frac{1}{5}, \frac{1}{5}, \frac{1}{5}, \cdots$
グループ	1	2	3	4
個数	2	3	4	5
和	1	1	1	1

①35番目の分数が何グループかを求めるため，1〜10の和が55であることを利用します。

1〜10の和＝55

1〜9の和＝45

1〜8の和＝36

$2+3+4+\cdots+7+8=36-1=35$

※個数は2から始まっていることに注意。個数が8個あるのは7グループなので，35番目の分数は7グループの8番目とわかります。　答え：　$\frac{1}{8}$

②$2+3+4+\cdots+8+9=45-1=44$

なので，50番目は9グループの6番目とわかります。50番目までの和は，

$$\underbrace{1+1+1+\cdots+1}_{\text{1〜8グループの和}}+\underbrace{\frac{1}{10}+\frac{1}{10}+\cdots+\frac{1}{10}}_{\text{9グループの6個}}=8\frac{3}{5}$$

答え：　$8\frac{3}{5}$

09 倍数判定法〜知っておくと何かと便利〜

この単元のポイント

【2，5の倍数】 一の位に注目する。

【3，9の倍数】 各位の和に注目する。

【4，8の倍数】 下2，3ケタに注目する。

【個数の求め方】 常に1スタートで考える。

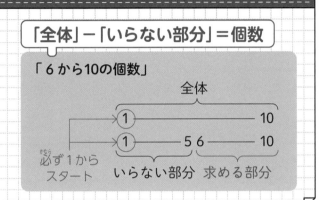

「全体」－「いらない部分」＝個数

「6から10の個数」

全体

必ず1から
スタート　　いらない部分　求める部分

HOP

【倍数判定法】 3ケタの整数 4□3 が 3 の倍数になるような□を求めなさい。

え〜？　これ，□に数字を入れて全部計算するの？　面倒くさすぎる……。

さすがに面倒だよね。そこで今回は，「倍数判定法」という
とっておきの方法を教えちゃいます！

ばいすうはんていほう？

そう。3つのタイプがあるから，順番に見てみよう。
まずは「一の位に注目する」タイプ。

[一の位に注目]
2の倍数：一の位が偶数 → 2，18，104，2098など
5の倍数：一の位が0か5 → 5，25，370，4095など

これは何となくわかる気がする。

次は「各位の和に注目する」タイプ。
各位の和とは，たとえば195の場合，1＋9＋5＝15 と考えるの。

[各位の和に注目]
3の倍数：各位の和が3の倍数 → 15(1＋5＝6), 201(2＋0＋1＝3), 1923(1＋9＋2＋3＝15)など
9の倍数：各位の和が9の倍数 → 18(1＋8＝9), 648(6＋4＋8＝18), 2007(2＋0＋0＋7＝9)など

へー！　これ，面白いね。

これを使って，4□3 の□に何が入るか考えてみよう。

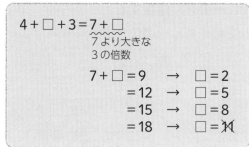
4＋□＋3＝7＋□
　　　　　7より大きな
　　　　　3の倍数

7＋□＝9　　→　　□＝2
　　　＝12　→　　□＝5
　　　＝15　→　　□＝8
　　　＝18　→　　□＝11

どうして11のところに×が付いているの？

4□3 は 3 ケタの整数だよね。
でも，□に11を入れると4113になって 4 ケタになっちゃうよ。
だから，答えは 2 ， 5 ， 8 になるよね。
3 と 9 の倍数は，こうやって先に和を考えてから，□を逆算して求めると楽だよ。

なるほど。

さあ，最後は「下 2 ケタ／下 3 ケタに注目する」タイプ。

［下 2 ， 3 ケタに注目］
4 の倍数：下 2 ケタが 4 の倍数か00→16，124，500，1084など
8 の倍数：下 3 ケタが 8 の倍数か000→144，4568，7000など

4 の倍数は何とか頑張れそうだけど，8 の倍数は大変そうだなぁ……。

4 の倍数と 8 の倍数は，それぞれ下 2 ケタと下 3 ケタの数字を頑張って割って
みるしかないね。
4 の倍数の00， 8 の倍数の000は忘れがちだから，ちゃんと覚えておこうね。

STEP

【倍数判定法（一の位に注目）】 201□が 2 の倍数となるような□をすべて求めなさい。

作業しよう

手順① 201□
　　　↑
　　　0，2，4，6，8

① 一の位に注目する。

2 の倍数は一の位が偶数になればよいので，
□＝0，2，4，6，8。

STEP

【倍数判定法（各位の和に注目）】 4□18が 9 の倍数となるような□をすべて求めなさい。

作業しよう

手順① 4＋□＋1＋8＝13＋□

① 各位の和に注目する。

9 の倍数は，各位の和が 9 の倍数。

各位の和を調べる。

手順② 13＋□＝18 → □＝5
　　　　　　 ＝27 → □＝14

② 9 の倍数を書き出す。

13より大きな 9 の倍数から調べる。

手順③ 　　　　　　　　　　　　5

③ 条件に合うものを選ぶ。

□に入る数字は 1 ケタなので，□＝5。

やってみよう！①

52□3 が 3 の倍数となるような，□に入る数字をすべて求めなさい。

> 3 の倍数は，各位の
> 和が 3 の倍数だニャ。

STEP

【倍数判定法（下 2，3 ケタに注目）】 613□が 4 の倍数になるような□をすべて求めなさい。

作業しよう

手順① 613□
　　　　　 ～～
　　　　　 2
　　　　　 6

① 下 2 ケタに注目する。

4 の倍数は下 2 ケタが 4 の倍数か00。

3□が 4 の倍数になればよいので，3□＝32，
36。

よって，□＝2，6。

　　　　　　　　　　　　2，6

やってみよう！②

71□2が 8 の倍数になるような，□に入る数字をすべて求めなさい。

［やってみよう！ 解答］① 各位の和が 3 の倍数なので，10＋□＝12，15，18より□＝2，5，8。
　　　　　　　② 下 3 ケタが 8 の倍数か000なので，1□2の□に 0 ～ 9 を入れて 8 で割ってみる。□＝1，5，9。

【個数の求め方】　2ケタの整数は全部で何個あるか求めなさい。

2ケタの整数っていうと，10から99までってことだよね？　じゃ，99－10＝89個だ！

 残念。これは99－9＝90個になるの。

え!?　99はわかるけど，9はどこから出てくるの？

 まず，根本的な「数え方」から見てみようね。個数は，基本的に1スタートで考えます。1からスタートして，最後の数字がそのまま個数になるよ。

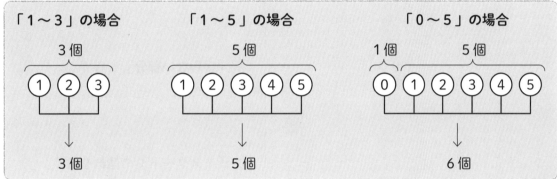

へー，考えたことなかったかも……。つまり，「1～□＝□個」ってことだよね？

 そのとおり！　この「1スタート」を利用して，「全体－いらない部分」で考えます。

へー，こんなふうに考えるんだ。

 「99－10＋1＝90（個）」と教えられることもあるけれど，その考え方では解けない問題も出てくるの。個数は必ず「全体－いらない部分」で考えようね。

【個数の求め方】　3ケタの整数は全部で何個あるか求めなさい。

作業しよう

手順① 　　100〜999

手順② 　　1　　　　　　　　　　　999

手順③ 　　1 ——————————— 999
　　　　　　　　　　100 —— 999

手順④ 　　1 ——————————— 999
　　　　　　1 —— 99 100 —— 999

手順⑤
　　　　　　　　　999個
　　　　　　1 ——————————— 999
　　　　　　1 —— 99 100 —— 999
　　　　　　　99個

手順⑥ 　　999 − 99 = 900
　　　　　　　　　　　　　　　900個

① 求める整数の範囲を書く。
　　3ケタの整数は100から999。

② 1から「全体」を書く。

③ 「求める部分」を書く。

④ 「いらない部分」を書く。

⑤ 「1スタート」の個数を書く。

⑥ 「全体」から「いらない部分」を引く。
　　求める部分は
　　999 − 99 = 900（個）。
　　全体　　いらない
　　　　　　部分

慣れてきたら，図を書かず
「全体−開始の1つ前」の式
のみでも。
（例）□〜△の個数の場合
→式は「△−（□−1）」

やってみよう！

35から89までに整数が何個あるか求めなさい。

「全体」から「いらない部分」
を引くニャ。

［やってみよう！　解答］89 − 34 = 55（個）。

（1）3ケタの整数のうち，5の倍数は全部で何個あります
　　か。

（オリジナル問題）

（2）6けたの数2020ABが3の倍数になるような整数A，
　　Bの組が何組あるか答えなさい。ただし，A，B
　　は0以上5以下の整数とします。

（晃華学園中学校　2022　第1回）

（1）3ケタの整数は100〜999となります。

　1から999までの中に5の倍数は，

　$999 \div 5 = 199 \cdots 4$　　→199個

　1から99までの中に5の倍数は，

　$99 \div 5 = 19 \cdots 4$　　→19個

5の倍数は199個		
1 ——————————— 999		
1 — 99	100 ——————— 999	
5の倍数は19個	3ケタの5の倍数	

よって，$199 - 19 = 180$（個）。

答え：　180個

（2）「各位の和が3の倍数になる」数字を考えます。

$2+0+2+0+A+B = 4+A+B$

これが3の倍数になればよいので，

$4+A+B = 6$　→$A+B = 2$

$4+A+B = 9$　→$A+B = 5$

$4+A+B = 12$　→$A+B = 8$

$4+A+B = 15$　→$A+B = 11$

　　　　：

問題文に「A，Bは0以上5以下の整数」との条件があるので，A＋Bは10以下となります。A＋B＝10以下に当てはまるのは，

$A+B = 2$

$A+B = 5$

$A+B = 8$

この3つについて，（A，B）の組み合わせを考えます。

A＋B＝2（0,2）（1,1）（2,0）

A＋B＝5（0,5）（1,4）（2,3）（3,2）（4,1）（5,0）

A＋B＝8（3,5）（4,4）（5,3）

答え：　12組

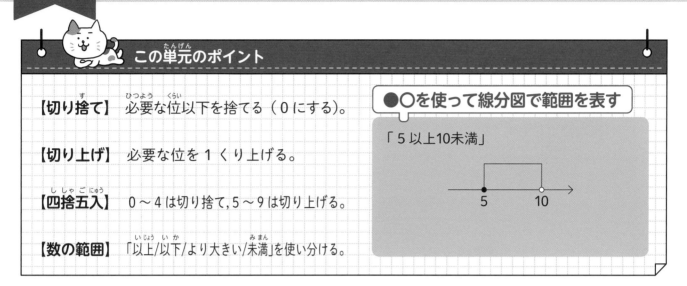

この単元のポイント

【切り捨て】 必要な位以下を捨てる（0にする）。

【切り上げ】 必要な位を1くり上げる。

【四捨五入】 0～4は切り捨て, 5～9は切り上げる。

【数の範囲】 「以上/以下/より大きい/未満」を使い分ける。

● ●〇を使って線分図で範囲を表す

「5以上10未満」

HOP

【切り捨て】 21534を切り捨てで上から2ケタの概数にしなさい。

 がいすうって一体何？

 「概数（がいすう）」は「およその数」「だいたいの数」ってこと。
たとえば, 家から学校までどのくらいかかるかな？

 10分くらいかなぁ。

 まさにそれが概数だよ。実際は9分27秒かもしれないけど,
「だいたい10分」でしょ。

 なるほど！

算数では概数にするために「切り捨て」「切り上げ」「四捨五入」という3つの方法があるの。
まずは一番簡単な「切り捨て」から見てみよう。21534を切り捨てて概数にしてみるね。

「上から2ケタ」 「百の位まで」
21┊345　　215┊34
残す　捨てる　　残す　捨てる
↓　　　　　　↓
21┊000　　215┊00

 必要な位以外は全部捨てて0にするだけ。
必要な位までを線で区切るとわかりやすくなるよ。

HOP

【切り上げ】　21534を切り上げで上から2ケタの概数にしなさい。

さて，次は「切り上げ」。必要な位を1くり上げて（＋1），それ以外は捨てて0にするだけ。

> 「上から2ケタ」
> 21 ┊ 534
> ⤷⤵
> 1くり上げる　捨てる
> ↓
> 22 ┊ 000
>
> 「百の位まで」
> 215 ┊ 34
> ⤷⤵
> 1くり上げる　捨てる
> ↓
> 216 ┊ 00

切り捨てに1足すだけだね。

ただし，必要な位より下がすべて0のときは切り上げできないの。今回は取り上げてないけどね。

HOP

【四捨五入】　21534を四捨五入で上から2ケタの概数にしなさい。

「四捨五入」は，必要な位の1つ下に注目するよ。1つ下の位が0〜4ならば切り捨て，5〜9の場合は切り上げになるの。

> 「上から2ケタ」
> 　　☆
> 21 ┊ 534
> ↓切り上げ
> 22 ┊ 000
>
> 「百の位まで」
> 　　　☆
> 215 ┊ 34
> ↓切り捨て
> 215 ┊ 00

うーん，1つ下っていうのがよくわからない……。

1つ下というのは右隣（となり）ということ。必要な位までを線で区切って，右隣の数字に☆を付けて，☆の付いた数字が0〜4か5〜9で判断（はんだん）するの。ちなみに，四捨五入はこんなイメージ。

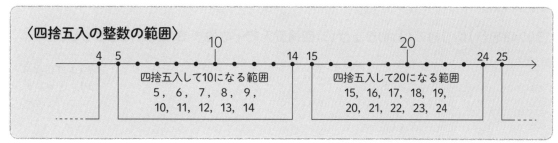

〈四捨五入の整数の範囲〉

四捨五入して10になる範囲
5, 6, 7, 8, 9,
10, 11, 12, 13, 14

四捨五入して20になる範囲
15, 16, 17, 18, 19,
20, 21, 22, 23, 24

STEP

【概数】 9999を(1)切り捨て(2)切り上げ(3)四捨五入 で百の位までの概数にしなさい。

作業しよう

手順①

99 ┊ 99

① **必要な位までを線で区切る。**

「百の位まで」とは「百の位まで数字で表す」という意味。百の位と十の位を線で区切る。

手順②

(1) 切り捨て
99 ┊ 99 → 9900

(2) 切り上げ
99 ┊ 99 → 10000
    +1

(3) 四捨五入
    ☆
99 ┊ 99 → 10000
    +1

② (1)必要な位以外は0にする。9900。

(2)必要な位を1くり上げて（+1），それ以外は0にする。10000。

(3)必要な位の1つ下に☆を付ける。☆は9なので切り上げる。10000。

STEP

【概数】 0.105を(1)切り捨て(2)切り上げ(3)四捨五入 で上から2ケタの概数にしなさい。

作業しよう

手順①

0.10 ┊ 5

① **必要な位までを線で区切る。**

整数部分が0のときは，数字が始まったところからケタを数える。

手順②

(1) 切り捨て
0.10 ┊ 5 → 0.10

(2) 切り上げ
0.10 ┊ 5 → 0.11
    +1

(3) 四捨五入
    ☆
0.10 ┊ 5 → 0.11
    +1

本来小数は0.10→0.1で表すけど，「上から2ケタ」といわれたら，0を使って位を補うよ。

② (1)必要な位以外は0にする。0.10。

(2)必要な位を1くり上げて（+1），それ以外は0にする。0.11。

(3)必要な位の1つ下に☆を付ける。☆は5なので切り上げる。0.11。

やってみよう！

【概数】 30048を(1)切り捨て(2)切り上げ(3)四捨五入で千の位までの概数にしなさい。

切り上げは必ず「+1」するニャ。

［やってみよう！ 解答］千の位で区切ると30┊048となります。(1)30000, (2)31000, (3)30000。

【数の範囲】 次の範囲に当てはまる整数をすべて求めなさい。
(1) 5以上10以下　　(2) 5より大きく10未満

どっちも同じに見えるよ？

使われている数字はどちらも5と10だけど，使っている言葉が違うよね。どんな言葉が使われているかな？

「以上」と「以下」,「未満」だね。

「より大きく」も忘れないでね。この4つの言葉は，その数を含むか含まないかに分けられるの。

> その数を含む（●）→以上，以下　　　　その数を含まない（○）→より大きい，未満

数を含むときは中身が詰まっているから●，含まないときは中が空っぽだから○。

なるほど！

この●，○を使って数直線を書いてみるね。

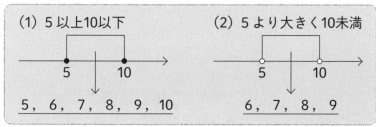

(1) 5以上10以下
5，6，7，8，9，10

(2) 5より大きく10未満
6，7，8，9

「5以上10以下」は5も10も含むけど，「5より大きく10未満」は5も10も含まないってことかぁ。

そのとおり。じゃ，「5より大きく10以下」はどうなるかな？

5は含まないけど10は含むから，6，7，8，9，10かな？

よくできました！

【数の範囲】 8より大きく15以下の整数をすべて求めなさい。

 作業しよう

手順①

① ●〇を使って数直線を書く。

手順②

② 数直線を見ながら当てはまる整数を考える。

8は含まないので， 9, 10, 11, 12, 13, 14, 15。

※慣れてきたら数直線を書かなくてよい。

9, 10, 11, 12, 13, 14, 15

STEP

【数の範囲】11以上30未満，23より大きく35以下の整数をすべて求めなさい。

 作業しよう

手順①

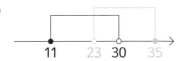

① ●〇を使って数直線を書く。

まず11以上30未満の範囲を書く。

手順②

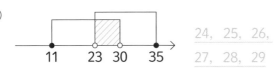

② 23より大きく35以下の範囲を書く。

手順③

 24, 25, 26, 27, 28, 29

③ 重なった部分に斜線を引く。

重なった部分から整数を求める。23も30も含まないので， 24, 25, 26, 27, 28, 29。

重なるタイプは必ず数直線を書こう。

やってみよう！

58より大きく63以下の整数をすべて求めなさい。

慣れないうちは数直線が便利だニャ。

[やってみよう！ 解答] 58は含まれませんが，63は含まれます。59, 60, 61, 62, 63。

入試問題にチャレンジしてみよう!
(右側を隠して解いてみよう)

(1) 次の数を（　）の位で四捨五入するといくつになりますか。

① 4035（十）

② 30791（百）

③ 201035（千）

（オリジナル問題）

(1)「（　）の位で四捨五入する」ということは，「（　）の位を四捨五入する」という意味です。

① 40 ⫶ 35 → 4000
　　　　↑
　　　十の位を四捨五入

答え：　4000

② 30 ⫶ 791 → 31000

答え：　31000

③ 20 ⫶ 1035 → 200000

答え：　200000

(2) 次の数を四捨五入して（　）の位までの概数にするといくつになりますか。

① 7537（十）

② 50324（百）

③ 11998（千）

（オリジナル問題）

(2)「四捨五入して（　）の位までの概数」にするには，（　）の1つ下の位を四捨五入します。

① 753 ⫶ 7 → 7540
　　　↑
　　1つ下の位を四捨五入

答え：　7540

② 503 ⫶ 24 → 50300

答え：　50300

③ 11 ⫶ 998 → 12000

答え：　12000

(3) 次の数を四捨五入して上から2ケタの概数にするといくつになりますか。

① 19900

② 10.05

③ 0.0365

（オリジナル問題）

(3)「上から2ケタの概数」にするには，1つ下の位（上から3ケタ目）を四捨五入します。

① 19 ⫶ 900 → 20000
　　　↑
　　上から3ケタ目を四捨五入

答え：　20000

② 10. ⫶ 05 → 10

答え：　10

③ 0.036 ⫶ 5 → 0.037

答え：　0.037

10

概数・数の範囲

この単元のポイント

【N進法の仕組み】
「×N」ずつ位が増える。
使う数字の種類はN個。

【N進法→十進法】
N進法の位の上に数字を並べる。

【十進法→N進法】
N進法の大きな位から割っていく。

N進法の位

十進法の位				二進法の位			
1000の位	100の位	10の位	1の位	8の位	4の位	2の位	1の位

HOP

【N進法の仕組み】 □に入る数字を求めなさい。

十進法は□種類の数字を使い，位は□倍ずつ増えます。 二進法は□種類の数字を使い，位は□倍ずつ増えます。 五進法は□種類の数字を使い，位は□倍ずつ増えます。

えぬしんほう？　わかる気がしない……。

 まずはN進法のイメージを持ってもらおうかな。位から見てみるね。位をよく見ると，面白いルールに気づかないかな？

〈十進法〉
1000の位　100の位　10の位　1の位
×10　×10　×10

〈二進法〉
8の位　4の位　2の位　1の位
×2　×2　×2

〈五進法〉
125の位　25の位　5の位　1の位
×5　×5　×5

あ！　十進法は×10ごとに，二進法は×2ごとに，五進法は×5ごとに位が上がってる。

 そのとおり！　N進法の「N」と「×N」が一緒になるの。ルールをまとめるね。

［N進法のルール］

① 　1の位に「×N」をしていくことで位が上がる

② 　使っている数字の種類は「N個」　→　十進法の場合は0，1，2，3，4，5，6，7，8，9の10個，五進法の場合は0，1，2，3，4の5個，二進法の場合は0，1の2個。

だから答えは，十進法は10種類の数字を使って位は10倍ずつ増え，二進法は2種類の数字を使って位は2倍ずつ増え，五進法は5種類の数字を使って位は5倍ずつ増える，となるね。

【N進法→十進法】　二進法の10101を十進法で表しなさい。

N進法のルールを，もう少しわかりやすく図にしてみるね。

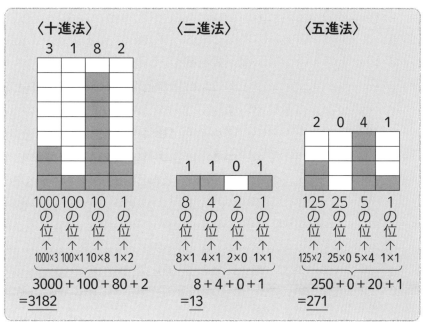

十進法の図はわかりやすいね。二進法や五進法も同じように，それぞれの位が何個あるか見ればいいんだね。

そのとおり！　これを参考にしながら二進法の10101を10進法にしてみよう。まず位を書いて，その上に数字を並べるよ。二進法は，1の位から順に2倍していけば良かったね。

$$\frac{1}{16}\ \frac{0}{8}\ \frac{1}{4}\ \frac{0}{2}\ \frac{1}{1}$$
の　の　の　の　の
位　位　位　位　位

……ということは，16×1+8×0+4×1+2×0+1×1＝21でいいのかな？

できたじゃない！　こうやってちゃんと位さえ書けば，あとは計算するだけ。

意外と簡単かも！

【N進法→十進法】 二進法の1100を十進法で表しなさい。

 **作業しよう**

手順①

8　4　2　1

手順②

1　1　0　0
―――――――
8　4　2　1

手順③　8×1＋4×1＋2×0＋1×0
　　　　＝8＋4＋0＋0＝12

12

① 位を書く。

二進法なので，1の位から2倍ずつ大きくなる。
1100なので位を4個書く。

② 位の上に数字を並べる。

③ 式を書く。

各位に数字が何個あるかを式に書いて合計を出す。

8の位は1個なので8×1，4の位は1個なので4×1，2の位は0個なので2×0，1の位は0個なので1×0。これらを合計すると，
8×1＋4×1＋2×0＋1×0＝8＋4＋0＋0＝12。

【N進法→十進法】 四進法の21031を十進法で表しなさい。

 **作業しよう**

手順①

256　64　16　4　1

手順②

2　1　0　3　1
―――――――――――
256　64　16　4　1

手順③

256×2＋64×1＋16×0＋4×3＋1×1
＝512＋64＋0＋12＋1＝589

589

① 位を書く。

四進法なので，1の位から4倍ずつ大きくなる。
21031なので位を5個書く。

② 位の上に数字を並べる。

③ 合計を出す。

256×2＋64×1＋16×0＋4×3＋1×1
＝512＋64＋0＋12＋1＝589。

やってみよう！

二進法の110110を十進法で表しなさい。

必ず1から位を
書くニャ。

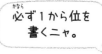

72　［やってみよう！ 解答］位は1，2，4，8，16，32と上がります。32×1＋16×1＋8×0＋4×1＋2×1＋1×0＝54。

【十進法→N進法】 29を二進法で表しなさい。

今度は「十進法からN進法」に変換してみよう。
29は十進法だと10の位が2個，1の位が9個集まっているよね。
同じように二進法では，何の位が何個集まっているかを調べるの。

二進法の位ってことは，1の位，2の位，4の位，8の位，16の位，32の位……。

そうだね。29以下で一番大きな位は16だから，
まず16の位が何個あるか調べるよ。

$$29 \div 16 = \underset{16が1個}{1} \cdots \underset{余り}{13}$$

余った13はどうするの？

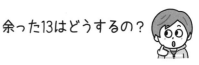

13も同じように，何の位が何個集まっているか調べるの。これを続けていくと……，

$$29 \div 16 = 1 \cdots 13$$
$$13 \div 8 = 1 \cdots 5$$
$$5 \div 4 = 1 \cdots 1$$
$$1 \div 2 = 0 \cdots 1$$
$$1 \div 1 = 1$$

これを二進法の位に並べるよ。つまり，商を並べることになるよ。

$$29 \div 16 = 1 \cdots 13$$
$$13 \div 8 = 1 \cdots 5$$
$$5 \div 4 = 1 \cdots 1$$
$$1 \div 2 = 0 \cdots 1$$
$$1 \div 1 = 1$$

1	1	1	0	1
16の位	8の位	4の位	2の位	1の位

じゃ，29を二進法にすると11101になるってことか。
大きい位から順に取っていくってことだね！

【十進法→N進法】 46を三進法で表しなさい。

 **作業しよう**

手順① 1，3，9，27

① **位を考える。**

三進法なので，1の位から3倍ずつしていく。46以下で一番大きな位までを考えると1，3，9，27の位。

手順② 46÷27＝1…19
19÷9 ＝2…1
1 ÷3 ＝0…1
1 ÷1 ＝1

② **大きな位から割っていく。**

46を27から割っていく。「1÷3」のように割れない場合は0を書き，余りだけ書く。

手順③ 1201

③ **大きな位から商を並べる。**

三進法の位の上に，それぞれ商を並べると，

$$\frac{1}{27} \quad \frac{2}{9} \quad \frac{0}{3} \quad \frac{1}{1}$$

よって，1201。

やってみよう！

【十進法→N進法】 77を二進法で表しなさい。

77以下で一番大きな位から割っていくニャ。

［やってみよう！ 解答］二進法の位は1，2，4，8，16，32，64，128……とくり上がっていきます。77以下で最大の位64から割っていくと，
77÷64＝1…13，13÷32＝0…13，13÷16＝0…13，13÷8＝1…5，5÷4＝1…1，1÷2＝0…1，1÷1＝1なので，1001101。

【N進法を見抜く】 ある決まりで数字が次のように並んでいます。

1，10，11，100，101，110，111，1000，1001，1010……

10011は左から何番目か求めなさい。

作業しよう

手順①

0と1しか使われていません。

① 何進法が見抜く。

数字が0と1の2種類なので，二進法とわかる。

[N進法のルール]

・1に「×N」をして位がくり上がる

・使っている数字の種類はN個

手順②

| 16 | 8 | 4 | 2 | 1 |

② 位を書く。

二進法なので，1の位から2倍ずつしていく。

10011なので位を5個書く。

手順③

1	0	0	1	1
16	8	4	2	1

③ 位の上に数字を並べる。

手順④

16×1＋8×0＋4×0＋2×1＋1×1
＝18＋0＋0＋2＋1＝19

19番目

④ 合計を出す。

各位に数字が何個あるかを式で表し，合計を出す。

16×1＋8×0＋4×0＋2×1＋1×1

＝16＋0＋0＋2＋1＝19

よって，19番目。

やってみよう！

ある決まりで数字が次のように並んでいます。

1，2，10，11，12，20，21，22，100，101，102，110，111……

20番目はどう表されるか求めなさい。

数字は3種類使われているニャ。

［やってみよう！ 解答］0，1，2の3種類の数字を使っているので三進法。20以下で一番大きな位までを考えると1，3，9の位までなので，20÷9＝2…2 2÷3＝0…2 2÷1＝2 よって，202。

第1章 数の性質 75

11
N
進
法

入試問題にチャレンジしてみよう!
(右側を隠して解いてみよう)

あるきまりにしたがって, 下の図のようにして整数を表します。

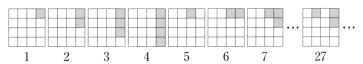

次の問いに答えなさい。 (初芝富田林中学校 2022)

(1) 右の図が表している整数を求めなさい。

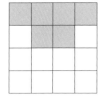

(2) 412を表す図を, 解答用紙の図にかきなさい。

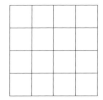

(3) 下の図は, 図①が表す整数から図②が表す整数を引き算した図です。その結果を表す図を, 解答用紙の図にかきなさい。

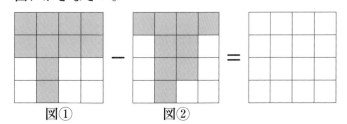
図①   図②

縦列を「位」と見立てると,

1〜4までは一番右の縦列, 5になると右から2番目の縦列になっています。

5の位がくり上がるので,五進法だとわかります。

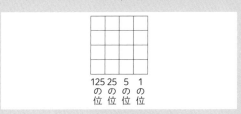

(1)

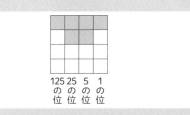

$125 \times 1 + 25 \times 2 + 5 \times 2 + 1 \times 1 = 186$

答え: 186

(2) $412 \div 125 = 3 \cdots 37$

$37 \div 25 = 1 \cdots 12$

$12 \div 5 = 2 \cdots 2$

$2 \div 1 = 2$

これをマス目に当てはめると

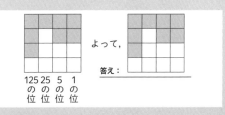

よって,
答え:

125 25 5 1
の の の の
位 位 位 位

(3) 図① $125 \times 2 + 25 \times 4 + 5 \times 2 + 1 \times 2 = 362$

図② $125 \times 1 + 25 \times 4 + 5 \times 3 + 1 \times 1 = 241$

図①－図②＝$362 - 241 = 121$

$121 \div 125 = 0 \cdots 121$

$121 \div 25 = 4 \cdots 21$

$21 \div 5 = 4 \cdots 1$

$1 \div 1 = 1$

これをマス目に当てはめると,

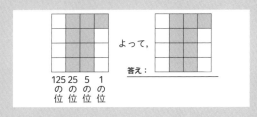

よって,
答え:

125 25 5 1
の の の の
位 位 位 位

割合

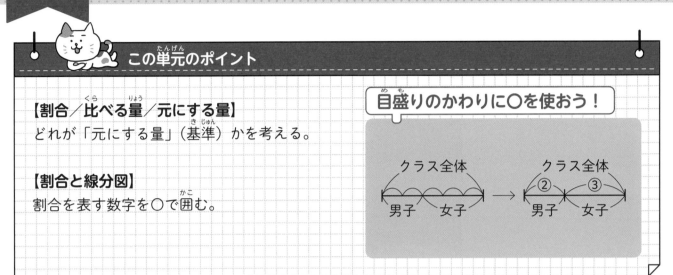

12 割合の考え方〜常に「倍」を意識する〜

この単元のポイント

【割合／比べる量／元にする量】
どれが「元にする量」（基準）かを考える。

【割合と線分図】
割合を表す数字を〇で囲む。

目盛りのかわりに〇を使おう！

クラス全体
男子　女子
→
クラス全体
② ③
男子　女子

HOP

【割合を求める】 300円は500円の何倍か求めなさい。

先生聞いて！　いつも行ってるお菓子屋さんが値上げしてて，プロチップスは30円，激うまチップスは50円も高くなってるんだよ！　50円も値上げなんてヒドいよ!!

プロチップス
30円→60円

激うまチップス
ファミリーサイズ
200円→250円

 そうかな？　それぞれ元の値段から何倍値上げしたか考えてごらん。

え？　何倍値上げしたか？　そんなの簡単だよ。

> プロチップス　60 ÷ 30 = 2倍
> 激うまチップス　250 ÷ 200 = 1.25倍

あれ？　プロチップスは値段 2 倍……？

 プロチップスのほうがヒドいよね。

あれ？　何だかわからなくなってきた……。

2つの量を比べるには，2種類の方法があるの。

〈差で比べる〉

プロチップス　　激うまチップス
30円　60円　　200円　250円

差30円　　　　　差50円

〈何倍か比べる〉

プロチップス　　激うまチップス
30円　60円　　200円　250円

2倍　　　　　　1.25倍

右のように，比べたい量が
「元にする量」の何倍に当たるか表した数を「割合」というの。

へー，今まで「比べる」って，引き算でしか考えたことがなかったなぁ。

割合で考えるときは，まず「元にする量（基準）」がどれかを考えると，
こんな式が作れるよ。

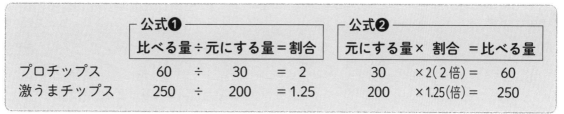

	公式❶ 比べる量÷元にする量＝割合			公式❷ 元にする量× 割合 ＝比べる量		
プロチップス	60 ÷	30	= 2	30	×2（2倍）=	60
激うまチップス	250 ÷	200	= 1.25	200	×1.25（倍）=	250

ところで「300円は500円の何倍になるか」を考えてみようか。

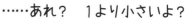「元にする量」は500円だよね？　だから　300÷500＝0.6（倍）。

……あれ？　1より小さいよ？

そう，「□倍」で必ず大きくなるとは限らないの。もし，「元にする量」を見つけにくいときは，問題文の中で「は→＝」「の→×」とおいても，式を作ることはできるよ。
まぁこれは裏技だけどね。

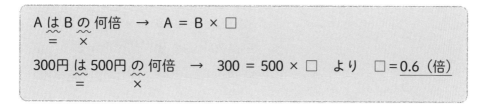

Aは Bの 何倍　→　A ＝ B × □
　＝　×

300円 は 500円 の 何倍　→　300 ＝ 500 × □　より　□＝0.6（倍）
　　＝　　　×

STEP

【「比べる量」を求める】 □gは200gの0.7倍です。□に入る数を求めなさい。

🔹 作業しよう

公式❶ 比べる量÷元にする量＝割合
公式❷ 元にする量×割合＝比べる量

手順① 200×0.7＝140（g）

140

① 式を作る。

「元にする量」は200なので，公式❷を使うと，

200×0.7＝<u>140</u>（g）。

※「元にする量」がわからないときは，「は→＝」「の→×」と置いて式を作ってもよい。

> A は B の □倍 → A ＝ B × □
> ＝   ×

□＝200×0.7＝<u>140</u>（g）。

STEP

【「元にする量」を求める】 240cmは□cmの4倍です。□に入る数を求めなさい。

🔹 作業しよう

手順① □×4＝240
　　　 □＝240÷4＝60

60

① 式を作る。

「元にする量」は□なので，公式❷を使うと

□×4＝240。よって，□＝240÷4＝<u>60</u>。

※「は→＝」「の→×」を使うと

240＝□×4より　□×4＝240

よって，□＝240÷4＝<u>60</u>（cm）。

STEP

【「割合」を求める】 21は70の□倍です。□に入る数を求めなさい。

🔹 作業しよう

手順① 21÷70＝0.3（倍）

0.3

① 式を作る。

「元にする量」は70。

［解法1］ 公式❶より，21÷70＝0.3。
　　　　　 よって，<u>0.3</u>（倍）。

［解法2］ 公式❷より，70×□＝21。
　　　　　 よって，□＝21÷70＝<u>0.3</u>（倍）。

※「は→＝」「の→×」を使うと

21＝70×□より　70×□＝21

よって，□＝21÷70＝<u>0.3</u>（倍）。

やってみよう！

□に入る数を求めなさい。

(1) 480円の3倍は□円です。

(2) □mは50mの1.25倍です。

(3) 1800の□倍は1000です。

> まずは「元にする量」が
> どれかを考えるニャ。
> わからない場合は
> 「は→＝」「の→×」で
> 式を作るニャ。

80

［やってみよう！ 解答］(1)480×3＝<u>1440</u>（円） (2)□＝50×1.25＝<u>62.5</u>(m) (3)1800×□＝1000より，□＝1000÷1800＝$\frac{5}{9}$(倍)

【割合と線分図】 テストを 8 人が欠席しました。これはクラス全体の $\frac{2}{9}$ に当たります。クラス全体の人数を求めなさい。

この問題は線分図で考えてみようね。クラス全体を 9 目盛りで表すと……,

2 目盛りが 8 人だから，1 目盛りが 4 人ってこと？

そのとおり！ クラス全体は 9 目盛りぶんだから，人数は 4×9＝36（人）になるね。

へー，線分図って便利だね。

ここで大切なのは，問題文に出てくる $\frac{2}{9}$ のうち「元にする量」が分母，「比べる量」が分子，そして分数そのものが「割合」を表しているということなの。

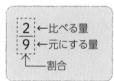
2 ←比べる量
9 ←元にする量
└─割合

ふーん。でも，線分図を書くときは，何から書けばいいの？

まずは「元にする量」から書くよ。でも目盛りを 9 個も書くなんて面倒くさいよね。だから，こんなふうに書いてみよう。

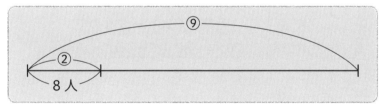

あれ？ 目盛り（⌢）の代わりに，数字に○が付いてる……。

割合を表す数字を○で囲ってみたの。2 目盛りは②で，9 目盛りは⑨だね。

ここからどうするの？

目盛り⌢のときと考え方は同じだよ。○と数字が一致しているものを「＝（イコール）」で結ぼう。

②　＝8（人）　→　①　＝8÷2=4（人）　→　⑨　＝4×9=36（人）
2目盛り　　　　　　1目盛り　　　　　　　　9目盛り

12

割合の考え方

【割合と線分図】 300ページある本のうち $\frac{4}{15}$ を読みました。何ページ読みましたか。

🐱 作業しよう

手順①

① 線分図を書く。

線分図は問題文に出てくる順番に情報を書き込んでいく。

手順②

② 情報を書き込んでいく。

分母が「元にする量」，分子が「比べる量」。
「元にする量」は15，「比べる量」は 4 。
目盛りの代わりに数字を〇で囲む。④は線分図の上より下のほうが書き込みやすい。

手順③　⑮＝300（ページ）

③ 〇と数字が一致している部分を見つける。

本全体を見ると，⑮と300ページが一致しているので，「＝（イコール）」で結ぶ。

手順④　⑮＝300（ページ）
　　　　①＝300÷15＝20（ページ）

④ ①（１目盛り）を求める。

⑮＝300（ページ）
15目盛りが300ページという意味なので，１目盛りは300÷15＝20（ページ）。

手順⑤　⑮＝300（ページ）
　　　　①＝300÷15＝20（ページ）
　　　　④＝20×4＝80（ページ）

　　　　　　　　　　　　　　80ページ

⑤ 聞かれている部分を求める。

読んだページは④，つまり 4 目盛り。
１目盛りが20ページなので，
20×4＝80（ページ）。

やってみよう！

2500円のうち $\frac{3}{5}$ を使いました。いくら使ったか求めなさい。

まず線分図を
書くニャ。

[やってみよう！ 解答] ⑤＝2500（円）より，①＝2500÷5＝500（円），使ったのは③なので，③＝500×3＝1500（円）。

(1) 母の身長は165cm, 娘の身長は110cmです。母の身長
　　は娘の身長の□□□倍です。

　　　　　　　　　　　（甲南女子中学校　2022　A1次）

(1) 165 = 110 × □

□ = 165 ÷ 110 = 1.5 （倍）。

答え： 1.5

(2) 4.78m²は25cm²の□□□倍です。

　　　　　　　　　　　（東京純心女子中学校　2022　1日午前）

(2) まず単位をそろえます。

1m² = 10000cm²なので,

4.78m² = 47800cm²

47800 = 25 × □

□ = 47800 ÷ 25 = 1912

答え： 1912

(3) なべに600cm³の水を入れました。これはなべの容積の

　　$\frac{5}{8}$にあたります。このなべの容積は□□□cm³です。

　　　　　　　　　　　（甲南女子中学校　2022　A1次）

(3) 線分図を書いて考えます。

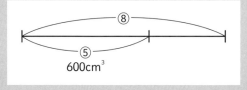

⑤ = 600 （cm³）

① = 120 （cm³）

⑧ = 960 （cm³）

答え： 960

12

割合の考え方

この単元のポイント

【約比】
最も簡単な整数の比にする。
小数：整数に直す。
分数：通分する。

【逆比】
分母と分子を入れ替える。

> 逆比は分母と分子を入れ替える

[逆比]

$$A : B \rightarrow \frac{1}{A} : \frac{1}{B}$$

$$A : B : C \rightarrow \frac{1}{A} : \frac{1}{B} : \frac{1}{C}$$

比の勉強が進んでくると，逆比を使う場面がたくさん出てくるニャ。

HOP

【比】 アメが150個，ガムが50個あるとき，アメとガムの個数の比を求めなさい。

アメとガムの個数の比？　そもそも比って何？

 これは「ひ」と読むの。読んで字のごとく「比べる」ってことだね。

個数を比べたら，アメはガムの3倍だよね。

 そうだね。でも実は，大きさを「何倍か」で比べるには2通りの方法があるの。

〈割合を使う〉
アメが「元にする量」の場合　→　ガムはアメの $\frac{1}{3}$ 倍
ガムが「元にする量」の場合　→　アメはガムの3倍

〈比を使う〉
アメとガムの比は 3：1

 割合は「元にする量」を考える必要があるけど，比は単に数字を並べて書くだけ。

「元にする量」を考えなくていいなら，比のほうが簡単じゃん！

 そう，比ってとっても便利なの。アメ150個とガム50個の個数を比で表すときは 3：1 と書いて，これは「3たい1」と読むよ。

でも，アメは150個でガムは50個なんだよね？　3と1はどこから出てくるの？

 比は「最も簡単な整数で表す」というルールがあるの。次のページから勉強していくね。

HOP

【約比】 最も簡単な整数の比にしなさい。
(1) 6：9　　(2) 12：18：30

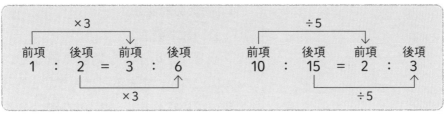

A：B のうち，A を前項，B を後項といって，前項＆後項に「×□」や「÷□」を
しても比は変わらないの。

```
         ×3                              ÷5
      ┌──────┐                        ┌──────┐
  前項  後項  前項  後項      前項   後項  前項  後項
   1  :  2  =  3  :  6       10  :  15  =  2  :  3
      └──────┘                        └──────┘
         ×3                              ÷5
```

何だか約分みたいだね。

いいところに気がついたね！　約分のように前項＆後項を同じ数で掛けたり
割ったりして，一番簡単な整数の比にすることを約比というよ。

じゃ，(1) は「÷3」して 6：9＝2：3 でいいのかな？

大正解！　(2)は全部「÷6」ができるから 12：18：30＝2：3：5 になるね。

HOP

【約比（小数）】　0.2：0.05 を最も簡単な整数の比にしなさい。

【約比（分数）】　$\dfrac{2}{3}：\dfrac{2}{5}$ を最も簡単な整数の比にしなさい。

13

比①（約比・逆比）

(1)の小数の場合は，「×10」や「×100」をして，まず整数にするよ。
何を掛けたらどちらも整数になるかな？

「×10」かな？　そうすると 0.2：0.05＝2：0.5 で……，あれ？　整数になってないや。

残念！　どちらも整数にするには「×100」だね。
そうすると 0.2：0.05＝20：5 になるでしょ。

そっか。これで整数になったから，「÷5」をして 20：5＝4：1 になるんだね。

(2)の分数の場合は，まず通分します。

へー！　じゃ，$\dfrac{2}{3}：\dfrac{2}{5}＝\dfrac{10}{15}：\dfrac{6}{15}$ だね。

前項＆後項に分母と同じ数を掛けると整数になるよ。「×15」をしてごらん。

$\dfrac{10}{15}：\dfrac{6}{15}＝10：6$，ほんとだ，分母が消えた！　これをさらに整数で割って 10：6＝5：3 だね。

【約比】 最も簡単な整数の比にしなさい。

(1) 36：108　　(2) 39：117：130　　(3) 2.8：0.49　　(4) $2\frac{4}{9}：1\frac{7}{15}$

🏠 作業しよう

(1)
てじゅん
手順① 　36：108 ＝ 1：3

1：3

(2)
手順① 　39：117：130
　　　　＝ 3：9：10

3：9：10

公約数を見つけにくいときは，2つの数の差の約数（素数）を調べてみよう！

39　117
差78

	①	②	③	6
78	78	39	26	⑬

素数

(3)
手順① 　2.8：0.49 ＝ 280：49

手順② 　2.8：0.49 ＝ 280：49 ＝ 40：7

40：7

(4)
手順① 　$2\frac{4}{9}：1\frac{7}{15} = 2\frac{20}{45}：1\frac{21}{45}$
　　　　　　$= \frac{110}{45}：\frac{66}{45}$

手順② 　$2\frac{4}{9}：1\frac{7}{15} = 2\frac{20}{45}：1\frac{21}{45}$
　　　　　　$= \frac{110}{45}：\frac{66}{45}$
　　　　　　$= 110：66$
　　　　　　$= 5：3$

5：3

---

(1) ［整数の約比］
① 公約数で割る。

２や３などの小さな約数で割っていっても答えは出るが，できるだけ大きな公約数で割ると楽に求められる。36と108の最大公約数36で割ると，36：108＝1：3。

(2) ［整数の約比］
① 公約数で割る。

公約数は１と13しかないので，最大公約数の13で割る。
よって，3：9：10。

(3) ［小数の約比］
① 整数に直す。

「×100」でどちらも整数になる。

② 整数比になったものを，最も簡単な整数になるまで約比する。よって，40：7。

(4) ［分数の約比］
① 通分する。

通分してから，仮分数にする。

② 約比する。

分母をはらってから（「×分母」をして分母を取る），最も簡単な整数になるまで約比する。よって，5：3。

📢 やってみよう！

最も簡単な整数の比にしなさい。

最も簡単な整数になるまで約比を続けるニャ。

(1) 45：72　　(2) 16：24：40　　(3) 1.25：0.65　　(4) $1\frac{3}{5}：2\frac{1}{4}$

［やってみよう！ 解答］小数は整数に直して，分数は通分してから約比します。
(1)5：8　(2)2：3：5　(3)25：13　(4)32：45

【逆比】 次の逆比を求めなさい。
(1) 2：3　　(2) 3：4：6

 さぁ，約比がわかったら，今度は逆比を勉強しよう。

逆比って，逆っていうくらいだから，(1)の 2：3 は 3：2 になるだけじゃないの？

 答え自体は合っているよ。(2)は？

3：4：6 は 6：4：3 じゃないの？

 残念でした。実は，逆比というのは逆数の比なの。
ちなみに，逆数は分母と分子を入れ替えるだけ。

$\frac{2}{3}$ だったら，逆数は $\frac{3}{2}$ ってこと？　分数の割り算のときみたいだね。

 そうだね。そして，必ず「元の数×逆数＝1」になるの。

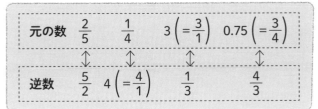

じゃあ，2：3 の逆比は，まず逆数にすると $\frac{1}{2}$：$\frac{1}{3}$。これを約比すると $\frac{3}{6}$：$\frac{2}{6}$＝3：2。
あれ？　結局前項と後項を入れ替えたものになったよ。

 2つのときはね。3：4：6 はどうなるかな？

3：4：6を逆数の比にすると $\frac{1}{3}$：$\frac{1}{4}$：$\frac{1}{6}$ だから，通分して $\frac{4}{12}$：$\frac{3}{12}$：$\frac{2}{12}$＝4：3：2。
ほんとだ，全然違う数字になった。

 比が3つ以上のときは入れ替えができないの。だから，「逆比＝逆数の比」が基本。
でも，比が2つのときは前項と後項を入れ替えるだけでもいいよ，ということだね。

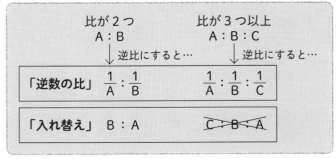

STEP

【逆比】　7：9 の逆比を求めなさい。

 **作業しよう**

 比が 2 つのときは「逆数」でも「入れ替え」でも，どちらでもOK。

手順① 　7：9 → 9：7

　　　　　　　　　　9：7

① 　比が 2 つなので入れ替えが楽。

　　7：9 → 9：7

STEP

【逆比】　2：6：8 の逆比を求めなさい。

 **作業しよう**

手順① 　$2:6:8 → \dfrac{1}{2} : \dfrac{1}{6} : \dfrac{1}{8}$

手順② 　$\dfrac{1}{2} : \dfrac{1}{6} : \dfrac{1}{8} = \dfrac{12}{24} : \dfrac{4}{24} : \dfrac{3}{24} = 12:4:3$

　　　　　　　　　　12：4：3

① 　逆数にする。

　　比が 3 つなので，逆数の比にする。

　　$2:6:8 → \dfrac{1}{2} : \dfrac{1}{6} : \dfrac{1}{8}$

② 　通分して約比する。

　　$\dfrac{1}{2} : \dfrac{1}{6} : \dfrac{1}{8} = \dfrac{12}{24} : \dfrac{4}{24} : \dfrac{3}{24} = 12:4:3$

STEP

【逆比】　0.8：1.75 の逆比を求めなさい。

作業しよう

手順① 　$0.8:1.75 = 80:175$

　　　　　　　　　　$= 16:35$

手順② 　$16:35 → 35:16$

　　　　　　　　　　35：16

① 　整数にする。

　　「×100」でどちらも整数にする。

② 　逆比にする。比が 2 つなので入れ替えが楽。

　　入れ替えを使う。

　　16：35

　　35：16

やってみよう！

次の比の逆比を求めなさい。

 楽な方法を考えるニャ。

(1) 13：8　　(2) 3：5：6　　(3) $\dfrac{2}{19} : \dfrac{2}{61}$　　(4) 0.96：1.5

［やってみよう！　解答］比が 2 つのときは「逆数」「入れ替え」のうち，楽なほうで解きます。

(1) 8：13　　(2) 10：6：5　　(3) 19：61　　(4) 25：16

（1）次の比を簡単にしなさい。

（オリジナル問題）

① $45 : 120$　　② $0.36 : 2.8$　　③ $1\dfrac{1}{6} : 2\dfrac{5}{8}$

（1）①最大公約数は15なので「÷15」をします。

$45 : 120 = 3 : 8$

答え：　$3 : 8$

②「×100」をしてどちらも整数にしてから最大公約数で割ります。

$0.36 : 2.8 = 36 : 280 = 9 : 70$　答え：　$9 : 70$

③仮分数にしてから通分し、分母をはらいます。

$$1\dfrac{1}{6} : 2\dfrac{5}{8} = \dfrac{7}{6} : \dfrac{21}{8} = \dfrac{28}{24} : \dfrac{63}{24}$$
$$= 28 : 63 = 4 : 9$$

答え：　$4 : 9$

（2）$\dfrac{1}{123} : \dfrac{1}{456} = \boxed{} : 123$ の $\boxed{}$ にあてはまる数を答えなさい。

（茗溪学園中学校　2022　第1回）

（2）分数の約比は、通分してから分母をはらいます。

通分する際、通常は最小公倍数を求めますが、123と456の最小公倍数を求めるのは大変です。

通分とは「分母をそろえる」＝「2つの分母に共通する数にする」ことなので、分母を「123×456」にそろえ、計算せずにそのままはらいます。

$$\dfrac{1}{123} : \dfrac{1}{456} = \dfrac{456}{123 \times 456} : \dfrac{123}{123 \times 456}$$

分母と分子に「×456」をする　分母と分子に「×123」をする

$$= 456 : 123$$

よって、□＝456。

答え：　456

（3）0.125 の逆数は $\boxed{}$ で、2.25 の逆数は $\boxed{}$ です。

（女子学院中学校　2022）

（3）逆数とは分母と分子を入れ替えたものです。

$0.125 = \dfrac{1}{8} \rightarrow 8$

$2.25 = \dfrac{9}{4} \rightarrow \dfrac{4}{9}$

答え：　8，$\dfrac{4}{9}$

14 比②（連比・比例式）〜楽な方法を選べばよし〜

この単元のポイント

【連比】
最小公倍数を使って比合わせをする。

【比例式】
前項どうし，後項どうしを比べる。
前項と後項を比べる。
内項の積＝外項の積。

比例式の計算（内項の積＝外項の積）

$$A : B : C : D$$

外項
内項

$$B \times C = A \times D$$

内項の積　外項の積

HOP

【連比】 A：B=3：5，B：C=4：7 のとき，A：B：C を求めなさい。

 今回は「比をそろえる」勉強だよ。比をそろえることで解ける問題がすごく増えるの。

比をそろえる？　まったくイメージがわかないなぁ……。

 カンタン×2♪　まず，A：B：C を書いて，その下にわかっている比を並べて書く。

```
A   B   C
3 : 5
    4 : 7
```

Bのところで数字が並んでいるね。

 そこがミソ！　縦に並んでいる数字を最小公倍数でそろえるよ。5と4の最小公倍数は20なので，上の比を「×4」，下の比を「×5」するの。こうやって2種類ある比を1種類に統一することを，比合わせというよ。

```
A  B  C            A  B  C
3 : 5  ×4    →    12 : 20
   4 : 7 ×5            20 : 35
                   ─────────────
                   12 : 20 : 35
```

答えは，12：20：35 か。最小公倍数っていろいろなところで使うんだね。

【連比】 A：B＝4：9，A：C＝6：7のとき，A：B：Cを求めなさい。

作業しよう

手順①　A ： B ： C
　　　　4 ： 9
　　　　6 ： ： 7

① **数字を並べて書く。**

　縦がそろうように書く。

　　　A　B　C
　　　4：9
　　　6　：7

手順②　A ： B ： C
　　　　4 ： 9
　　　　6 ： ： 7
　　　 12

② **数字をそろえる。**

　数字が縦に並んでいる部分を最小公倍数でそろえる。Aのところで4と6が並んでいるので，最小公倍数12にそろえる。

手順③　A ： B ： C
　　　　4 ： 9　　×3
　　　　6 ： ： 7　×2
　　　 12

③ **比全体を「×○」する。**

　上の比は「×3」，下の比は「×2」となる。

手順④　A ： B ： C
　　　　4 ： 9
　　　　6 ： ： 7
　　　 12 ： 27 ： 14　　　12 ： 27 ： 14

④ **全体の比を出す。**

　上の比はA：B＝4：9 → 12：27
　下の比はA：C＝6：7 → 12：14
　なので，統一してA：B：C＝12：27：14。

やってみよう！

A：B＝5：12，B：C＝9：7のとき，A：B：Cを求めなさい。

数字は縦にそろえて
書くニャ。

［やってみよう！　解答］Bのところで数字が縦にそろっているので，12と9の最小公倍数36にそろえます。
上の比は「×3」，下の比は「×4」をして全体の比を出すとA：B：C＝15：36：28。

【比例式】 2：3＝10：□のとき，□に入る数を求めなさい。

比と比を「＝（イコール）」で結んだものを比例式というの。

これ，簡単じゃない？ □＝15 でしょ？

よくわかったね！ どうやって考えたの？

だって，比は同じ数を掛けても割ってもいいんでしょ？
前項どうしが2から10で「×5」だから，後項どうしも「×5」かな，って。

考え方❶ 前項どうし，後項どうしを比べる

×5

2 ： 3 ＝ 10 ： □

×5

すばらしい！ じゃ，ほかの方法も考えてみよう。

え!? まだあるの？

あと2つ方法があるかな。

うーん……，うーん……，う……ーん……。

じゃあ，2：3に注目してみよう。2を何倍したら3になる？

1.5倍！

同じように，10を1.5倍すると……。

あ，15だ！

考え方❷ 前項と後項を比べる

2 ： 3 ＝ 10 ： □

×1.5   ×1.5

そしてもう一つ。「内項の積＝外項の積」という解き方もあるの。
つまり，内側どうしを掛けたものと，外側どうしを掛けたものが同じになるの。

考え方❸　内項×内項＝外項×外項

$$\underset{\text{外項}}{\underline{\frac{2}{}}} : \underset{\text{内項}}{\underline{\frac{3}{}}} = \underset{\text{内項}}{\underline{\frac{10}{}}} : \underset{\text{外項}}{\square}$$

$$\underline{3} \times \underline{10} = \underline{2} \times \underset{\underset{15}{\uparrow}}{\square}$$

「内項の積＝外項の積」の使い方がイマイチよくわからないんだけど……。

具体的にいろいろな問題を見るとわかりやすいかもね。たとえば，

$$\frac{5}{6} : 1\frac{1}{4} = \square : 1.5$$

この問題を，「考え方❶」や「考え方❷」で解けるかな？

いや，これは厳しい……。

こういうときに「考え方❸」が便利なの。一緒に解いてみよう。

$$\frac{5}{6} : 1\frac{1}{4} = \square : 1.5 \quad より$$

$$1\frac{1}{4} \times \square = \frac{5}{6} \times 1.5$$

$$\square = \frac{5}{6} \times 1.5 \div 1\frac{1}{4} \quad \cdots (※)$$

$$= \frac{\overset{1}{\cancel{5}}}{\underset{2}{\cancel{6}}} \times \frac{\overset{1}{\cancel{3}}}{\cancel{2}} \times \frac{\overset{2}{\cancel{4}}}{\underset{1}{\cancel{5}}}$$

$$= 1$$

式を作るときにはコツがあって，「内項の積＝外項の積」でも「外項の積＝内項の積」でもどちらでもいいんだけど，

①　□が左辺（＝の左）にくるように式を作る
②　３つの数字を一気に並べて計算する（※）

というポイントを押さえておくと，計算がグーンと楽になるよ。

【比例式】 6：25＝□：75 のとき，□に入る数を求めなさい。

考え方❶ 前項どうし，後項どうしを比べる
考え方❷ 前項と後項を比べる
考え方❸ 内項の積＝外項の積

作業しよう

手順① 6：25＝□：75

手順② 6：25＝□：75
6×3＝18

18

① どの方法で解くか考える。

後項に注目すると「×3」になっているので，
「考え方❶ 前項どうし，後項どうしを比べる」
を使う。

$$6：25＝□：75$$
$$×3$$

② 前項，後項ともに同じ計算をする。

前項も「×3」をして，6×3＝18。

【比例式】 $3：2\frac{1}{4}＝7：□$ のとき，□にあてはまる数を求めなさい。

作業しよう

手順① $3：2\frac{1}{4}＝7：□$

手順② $3：2\frac{1}{4}＝7：□$

$3×□＝2\frac{1}{4}×7$

手順③ $3：2\frac{1}{4}＝7：□$

$3×□＝2\frac{1}{4}×7$

$□＝2\frac{1}{4}×7÷3$

$=\frac{\overset{3}{9}}{4}×7×\frac{1}{\underset{1}{3}}$

$=5\frac{1}{4}$

$5\frac{1}{4}$

① どの方法で解くか考える。
考え方❶❷はややこしいので
「考え方❸ 内項の積＝外項の積」を使う。

② 式にする。
□が左辺にくるように，「外項の積＝内項の積」
の順で式にする。

③ 計算する。
3つの数字を一気に並べてから計算する。

よって，$5\frac{1}{4}$

やってみよう！

□に入る数を求めなさい。

(1) 5：19＝30：□   (2) 0.8：3＝□：20

どの方法がラクか
考えるニャ。

［やってみよう！ 解答］(1)は前項どうしを比べます。114 (2)は「内項の積＝外項の積」を使います。$5\frac{1}{3}$

(1) A：B＝8：[　　]，B：C＝3：2のとき，
　　 A：C＝4：9です。

(聖園女学院中学校　2022　第1回A)

(1) 比合わせをしてA：B：Cを求めます。

A	：	B	：	C
		3	：	2
4			：	9
8	：	27	：	18

A：B＝8：27

答え：　27

(2) (33分42秒)：(28分[　　]秒)＝6：5

(青稜中学校　2022　第1回B)

(2) まず単位をそろえます。

すべて秒に直すと，

33分42秒＝33×60＋42＝2022（秒）

28分＝28×60＝1680（秒）より，

2022：(1680＋□)＝6：5

今回は前項どうし，後項どうしを比べると
計算が楽です。

前項どうしを見ると2022÷6＝337（倍）となっ
ています。

```
            ×337
      ┌─────────────┐
      ↓             ↓
2022：(1680＋□) ＝6：5
      ↑             ↑
      └─────────────┘
            ×337
```

1680＋□＝5×337

□＝5

答え：　5

15 比③（比作り・比例配分）～比作りは受験算数の命です～

この単元のポイント

【比作り】
「入れ替え」または「逆数」を利用する。

【比例配分】
比を表す数字を○で囲む。

比作りは「逆数」が万能！

$$A \times \bigcirc = B \times \square$$
$$\downarrow$$
$$A : B = \frac{1}{\bigcirc} : \frac{1}{\square}$$

HOP

【比作り】　Aの3倍とBの5倍が等しいとき，A：Bを求めなさい。

てんびんの上で，白玉2個と赤玉3個が釣り合っているんだけど，白玉1個と赤玉1個，どちらが重いと思う？

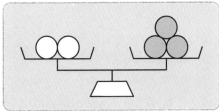

そりゃ白玉でしょ。だって，白玉は2個だけなのに，赤玉は3個も乗せてるんだよ。

そうだよね。じゃあ，白玉1個と赤玉1個の重さの比はわかる？

1個ずつ重さを量ればわかるよ！

重さを量らずに考えてみよう！　まずは「白玉2個と赤玉3個で釣り合っている」という状態を式にしてみるね。

白玉×2＝赤玉×3

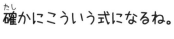確かにこういう式になるね。

この式から，白玉と赤玉の重さの比がわかるの。
「入れ替え」と「逆数にする」の2通りの考え方を紹介するね。

白×2＝赤×3　→　白：赤は？

考え方❶　入れ替える
　　　　　左辺と右辺を同じにする

$$白×2＝赤×3$$
$$↓　　　↓$$
$$3　　　2$$
白：赤＝3：2

考え方❷　逆数にする
　　　　　→「＝1」と置く

白×2＝赤×3＝1

白×2＝1より白＝$\frac{1}{2}$ ← 2の逆数

赤×3＝1より赤＝$\frac{1}{3}$ ← 3の逆数

白：赤＝$\frac{1}{2}：\frac{1}{3}＝\frac{3}{6}：\frac{2}{6}＝3：2$

「入れ替え」のほうが断然カンタンじゃん！

比べるものが2つしかないときはね。でも，このときはどうかな？

白玉×2＝赤玉×3＝青玉×4

確かに入れ替えられない……。

このときに便利なのが，「逆数にする」なの。

白×2＝赤×3＝青×4

白：赤：青＝$\frac{1}{2}：\frac{1}{3}：\frac{1}{4}＝\frac{6}{12}：\frac{4}{12}：\frac{3}{12}＝6：4：3$

あれ？　これ，どこかで見たことあるなぁ……，なんだっけ？

87ページを見てごらん。

あ，逆比だ！　このときに逆数が出てきたんだ。

そう。比作りのときも，「入れ替え」が使えるのは比が2つのときだけってことに注意しようね。

【比作り】 (1) Aの$\frac{3}{5}$とBの$\frac{5}{6}$が等しいとき，A：Bを求めなさい。

(2) Aの5倍とBの3倍とCの6倍が等しいとき，A：B：Cを求めなさい。

作業しよう

式を作ったら「入れ替え」か「逆数」で比にします。

(1)

手順① $A \times \frac{3}{5} = B \times \frac{5}{6}$

手順② $A \times \frac{3}{5} = B \times \frac{5}{6}$

$A : B = \frac{5}{6} : \frac{3}{5}$

手順③ $A \times \frac{3}{5} = B \times \frac{5}{6}$

$A : B = \frac{5}{6} : \frac{3}{5}$

$= \frac{25}{30} : \frac{18}{30}$

$= 25 : 18$ 　　　　　25：18

(1)〔要素が2つ〕

① 問題文から式を作る。

② 比にする。
「入れ替え」か「逆数」で比にする。
（今回は「入れ替え」）

③ 約比する。
約比して最も簡単な整数比にする。
よって，<u>25：18</u>。

(2)

手順① $A \times 5 = B \times 3 = C \times 6$

手順② $A \times 5 = B \times 3 = C \times 6$

$A : B : C = \frac{1}{5} : \frac{1}{3} : \frac{1}{6}$

手順③ $A \times 5 = B \times 3 = C \times 6$

$A : B : C = \frac{1}{5} : \frac{1}{3} : \frac{1}{6}$

$= \frac{6}{30} : \frac{10}{30} : \frac{5}{30}$

$= 6 : 10 : 5$ 　　　6：10：5

(2)〔要素が3つ〕

① 問題文から式を作る。

② 比にする。
「逆数」で比にする。

③ 約比する。
約比して最も簡単な整数比にする。
よって，<u>6：10：5</u>。

やってみよう！

(1) Aの$\frac{5}{6}$とBの$\frac{2}{7}$が等しいとき，A：Bを求めなさい。

(2) Aの4倍とBの2倍とCの8倍が等しいとき，A：B：Cを求めなさい。

最も簡単な整数比に
なるまで約比しよう。

［やってみよう！ 解答］要素が2つのときは「入れ替え」か「逆数」，3つのときは「逆数」で比にします。(1)12：35 (2)2：4：1

【比例配分】 2000円を兄と弟で 3：2 に分けると，それぞれいくらもらえますか。

81ページで，「割合」を線分図にしたよね。今度は，「比」を線分図にしてみよう。

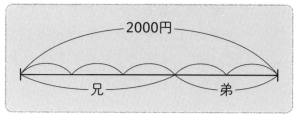

あぁ，3：2 に分けるっていうのは，こういうことなんだね。

線分図に見慣れてきたね。でも，81ページでは目盛りを書く手間を省くために，割合を表す数字に〇を付けたよね。今度も同じように，比を表す数字を〇で囲むね。

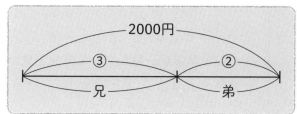

ほんとだ，似てるね。でも，ここからどうするの？

2000円は，全部で〇が何個分かな？

③＋②で，〇も 5 個？

そのとおり！ つまり⑤＝2000（円）だから，①＝2000÷5＝400（円）

じゃ，兄は③＝ 400×3＝1200（円），弟は②＝400×2＝800（円）だね。
計算の考え方は81ページと同じだね。

ね，簡単でしょ？ ちなみに，この問題のように，ある量を決まった比で分けることを比例配分というの。

比例配分？ ……もうこれ以上，言葉覚えられない……。

言葉は覚えられなくても，線分図が書けて，〇で囲まれた数字の計算ができれば大丈夫よ！ この計算は102ページからくわしく見ていくね。

【比例配分】 120cmのリボンを 2：1 に分けたとき，長いほうは何cmですか。

 作業しよう

手順①

120cm
②   ①

① 線分図を書く。

目盛りではなく，比を表す数字を〇で囲む。
線分図に情報を書き込むときは，「見やすさ／
書きやすさ」を意識する。

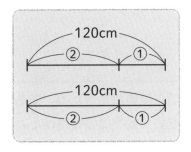

120cm
②   ①

120cm
②   ①

下の線分図
ほうが線が
ぶつからなくて
書きやすいよね。

手順② ③＝120（cm）

② 〇と数字が一致している部分を見つける。

全体を見ると，③と120cmが一致しているの
で，「＝（イコール）」で結ぶ。

手順③ ③＝120（cm）
①＝120÷3＝40（cm）

③ ①（1目盛り）を求める。

③＝120（cm）は，③（3目盛り）が120cmとい
う意味なので，①（1目盛り）は 120÷3＝40(cm)。

手順④ ③＝120（cm）
①＝120÷3＝40（cm）
②＝40×2＝80（cm）

80cm

④ 聞かれている部分を求める。

長いほうは②，つまり 2 目盛り。
1 目盛りが40cmなので，40×2＝80(cm)。

[別解]

線分図を書かなくても，「〇と数字の一致」が
わかれば式だけでも解ける。

③＝120（cm）
①＝40（cm）
②＝80（cm）

やってみよう！

180cmのリボンを 3：2：1 の比に分けてカットしました。一番長いリボンは何cmですか。

比を〇で囲もう。

［やってみよう！ 解答］③＋②＋①＝⑥が180cmなので，⑥＝180(cm)から，①＝30(cm)。一番長いリボンは，③＝90(cm)。

(1) Aの$\frac{2}{5}$倍とBの$\frac{3}{4}$倍が等しいとき，A：Bを最も簡単な整数の比で表しなさい。

(関西大学中等部　2022)

(1) 問題文から式を作ります。

$$A \times \frac{2}{5} = B \times \frac{3}{4}$$

要素が2つのものを比にするには「入れ替え」と「逆数」があります。

入れ替えで解くと，

$$A : B = \frac{3}{4} : \frac{2}{5} = \frac{15}{20} : \frac{8}{20} = 15 : 8$$

答え：　15：8

(2) ☐にあてはまる数を答えなさい。

2Lの麦茶を1：2：5の比に分けると，最も多いのは☐mLです。

(捜真女学校中学部　2022　A)

(2) 線分図を書きます。

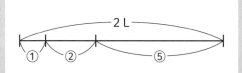

2L＝2000mLより

⑧＝2000（mL）

①＝250（mL）

最も多いのは⑤なので，

⑤＝250×5＝1250

よって，☐＝1250（mL）。

答え：　1250

15

比③（比作り・比例配分）

この単元のポイント

【①解法の計算】
左辺と右辺で同じ計算をする。

【①解法の利用】
○と数字が一致する部分を見つける。

①解法の手順

同じ数で割る ÷3
③ = 18 ÷3 左辺と同じ計算をする
① = 6
求める数を掛ける ×10
⑩ = 60 ×10 左辺と同じ計算をする

HOP

【①解法の基本計算】 ⑤=45 のとき，⑧を求めなさい。

⑤=45って，たしか目盛りが5個分って意味だったよね。

 じゃ，⑧はいくつかわかるかな？
81ページでは，まず1目盛りを出したよね。

あ，そっか！ 5目盛りで45ってことは，1目盛りは 45÷5＝9。
⑧は8目盛りだから，9×8＝<u>72</u>だ！

 よくできたね。こうやって，○が出てきたときはまず基準となる①を求めるよ。
今後はいちいち目盛りを考えず，単純に計算として解いていこう。

〈①解法の計算手順〉

「①の求め方」

同じ数(5)で割って①にする
÷5
⑤ = 45 ÷5
① = 9
左辺と同じ数(5)で割る

⇨

「Ⓝの求め方」

求める数(N：ここでは8)を掛ける
×8
① = 9
⑧ = 72 ×8
左辺と同じ数(8)を掛ける

そっか，同じ数で割ったら①になるんだね。

 そう，これは分数でも小数でも同じなの。等式が崩れないように，右辺も左辺と同じ計算をするのを忘れないでね。この一連の計算を「①解法」というよ。

STEP

【①解法の基本計算】 ⑫=72のとき，⑤を求めなさい。

✏️ **作業しよう**

手順①
$$÷12 \left(\begin{array}{l} ⑫ = 72 \\ ① = \end{array} \right.$$

手順②
$$÷12 \left(\begin{array}{l} ⑫ = 72 \\ ① = 6 \end{array} \right) ÷12$$

手順③
$$÷12 \left(\begin{array}{l} ⑫ = 72 \\ ① = 6 \end{array} \right) ÷12$$
$$×5 \left(\begin{array}{l} ⑤ = \end{array} \right.$$

手順④
$$÷12 \left(\begin{array}{l} ⑫ = 72 \\ ① = 6 \end{array} \right) ÷12$$
$$×5 \left(\begin{array}{l} ① = 6 \\ ⑤ = 30 \end{array} \right) ×5$$

30

① **①（イチマル）を求める。**
左辺を同じ数で
割って①にする。

$$÷12 \left(\begin{array}{l} \overset{同じ数}{⑫} = 72 \\ ① = \end{array} \right.$$

② **右辺を左辺と同じ数で割る。**
右辺も「÷12」をする。

③ **左辺に求める⑳を書く。**
左辺に求める数を
掛ける。

$$×5 \left(\begin{array}{l} ① = 6 \\ ⑤ = \end{array} \right.$$
求める数

④ **右辺に左辺と同じ数を掛ける。**
右辺も「×5」をする。よって，⑤=<u>30</u>。

STEP

【①解法の基本計算】 $\dfrac{3}{4}$=18のとき，①.5 を求めなさい。

✏️ **作業しよう**

手順①
$$÷\frac{3}{4} \left(\begin{array}{l} \left(\dfrac{3}{4}\right) = 18 \\ ① = \end{array} \right.$$

手順②
$$÷\frac{3}{4} \left(\begin{array}{l} \left(\dfrac{3}{4}\right) = 18 \\ ① = 18 ÷ \dfrac{3}{4} \\ = \overset{6}{\cancel{18}} × \dfrac{4}{\cancel{3}_1} = 24 \end{array} \right) ÷\frac{3}{4}$$

手順③④
$$÷\frac{3}{4} \left(\begin{array}{l} \left(\dfrac{3}{4}\right) = 18 \\ ① = 18 ÷ \dfrac{3}{4} \\ = \overset{6}{\cancel{18}} × \dfrac{4}{\cancel{3}_1} = 24 \\ ①.5 = 24 × 1.5 \\ = 36 \end{array} \right) ÷\frac{3}{4}$$
×1.5 ... ×1.5

36

① **①（イチマル）を求める。**
左辺を同じ数で割って①にする。

② **右辺を左辺と同じ数で割る。**
暗算できないときは，式にして計算していく。

③ **左辺に求める⑳を書く。**
左辺に求める数を掛ける。

④ **右辺に左辺と同じ数を掛ける。**
右辺も「×1.5」をする。
よって，①.5＝<u>36</u>。

16
①解法

やってみよう！

①.8 ＝ $\dfrac{2}{3}$ のとき，⑱を求めなさい。

> 小数でも分数でも考え方は同じだニャ。

［やってみよう！ 解答］左辺と右辺に「÷0.8」すると①＝$\dfrac{2}{3}$÷0.8＝$\dfrac{2}{3}$×$\dfrac{5}{4}$＝$\dfrac{5}{6}$　　左辺と右辺に「×18」すると⑱＝$\dfrac{5}{6}$×18＝<u>15</u>。

【①解法の利用】 兄と妹の持っているお金の比は 9：5 です。兄が妹より600円多く持っているとき，兄の持っているお金を求めなさい。

出た，文章題だ！ 81ページみたいに線分図を書けばいいんだよね。

 そうね，問題文が複雑なときは線分図を書くけれど，今回は式だけで解いてみようか。

え？ そんなことできるの？

 ①解法という最強の武器を手に入れたからね。
さて，81ページと99ページでは，割合や比を表す数字を〇で囲んだよね。

うん！

 割合の文章題では，「実際の数字」と「割合で表した数字」が混ざっているの。
問題文で，実際の数字に ～～ を，割合や比を赤字にしてみるね。

Q1（81ページ）

テストを 8人 が欠席しました。これはクラス全体の $\frac{2}{9}$ に当たります。クラス全体の人数を求めなさい。

Q2（99ページ）

2000円を兄と弟で 3：2 に分けると，それぞれいくらもらえますか。

Q3（今回の問題）

兄と妹の持っているお金の比は 9：5 です。兄が妹より600円多く持っているとき，兄の持っているお金を求めなさい。

ほんとだ，混ざってる。言われて初めて気がついたよ。

 この割合や比に当たる数字を〇で囲んで，実際の数字と一致したものと「＝」で結ぶと，①解法に持ち込めるの。たとえば，Q1を①解法で解いてみるね。

クラス全体 ⑨人 〈 欠席 ②
　　　　　　　　　　出席 ⑦

　② ＝ 8 （人）← 一致する部分
　① ＝ 4 （人）
　⑨ ＝ 36 （人）

どうしてクラス全体を⑨人って考えるの？

81ページの線分図を思い出してみて。クラス全体を9目盛りで表したよね。

あ，そっか。

Q2も見てみよう。

兄 ③ ⎫
弟 ② ⎭ 和 ⑤ ＝ 2000（円）← 一致する部分
          ① ＝ 400（円）
        兄 ③ ＝ 1200（円）
        弟 ② ＝ 800（円）

比を，そのまま丸で囲えばいいんだね。

そう，簡単でしょ？　じゃ，Q3を考えてみて。

えーっと，兄と妹のお金の比を〇で囲って……。

兄 ⑨
妹 ⑤

でも，「兄が妹より600円多く持っている」をどう書けばいいのかわからないや。

「兄が妹より600円多い」，つまり兄と妹の差が600円ってことだよね。だから，

兄 ⑨ ⎫
妹 ⑤ ⎭ 差 ④ ＝ 600（円）← 一致する部分
          ① ＝ 150（円）
        兄 ⑨ ＝ 1350（円）

なるほど！　問題文の意味をよく考えれば解けそうな気がしてきた。

あとは練習あるのみ！

16

①
解法

【①解法の利用】　180cmのリボンを3：2：1の長さに切り分けました。3本の長さはそれぞれ何cmですか。

作業しよう

手順①　③　②　①

① 「割合や比」を表す数字を〇で囲む。

　3：2：1が比を表しているので，〇で囲む。

手順②　③　②　①

　　　　⑥ ＝ 180（cm）

② 「実際の数字」と「〇で囲んだ数字」を「＝（イコール）」で結ぶ。

　3本の合計は③＋②＋①＝⑥。

　これが180cmになるので，

　⑥＝180（cm）。

手順③　③　②　①

　　　　⑥ ＝ 180（cm）
　　　　① ＝　30（cm）
　　　　③ ＝　90（cm）
　　　　② ＝　60（cm）

　　　　　　　90cm，60cm，30cm

③ ①解法を解き進める。

　　÷6　⑥ ＝ 180　÷6
　　×3　① ＝　30　×3
　　　　③ ＝　90
　　　　この部分は左辺と同じ

よって，90cm，60cm，30cm。

①解法を解き進めるとき，慣れてきたら，左辺と右辺に「÷〇」「×〇」を書かなくてもOK！

やってみよう！

540gの砂糖を7：2に分けました。重いほうの砂糖は何gですか。

割合や比に〇を付けよう。

　［やってみよう！　解答］⑦＋②＝⑨が540gなので，⑨＝540（g）。①＝60（g）となるので，⑦＝420（g）。

(1) 重さの違うふくろが3つあります。AとBの重さの比は3：4，BとCの重さの比は6：7です。Cの重さが420gのとき，Aの重さは何gですか。

(オリジナル問題)

(1) A：B：Cと3つ以上の比になるので，比合わせをして連比で表します。

```
    A : B : C
    3 : 4
        6 : 7
    9 : 12 : 14
```

Cの重さが420gなので，

⑭＝420（g）

①＝30（g）

Aは⑨なので，

⑨＝270（g）。

答え：　270g

(2) イチロー君はある本を読み始めました。1日目に全体の$\frac{1}{4}$を読み，2日目に残りの$\frac{3}{5}$を読んだところ，残りは78ページとなりました。この本は全体で何ページありますか。

(芝浦工業大学柏中学校　2021)

(2) 線分図を書きます。基準が変わるときは，記号も変えます。

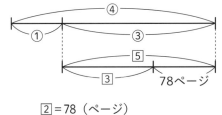

②＝78（ページ）

①＝39（ページ）

⑤＝195（ページ）←これは③でもあるので

③＝195（ページ）

①＝65（ページ）

④＝260（ページ）

答え：260ページ

16

①解法

17 歩合と百分率 ～式にするときは小数で～

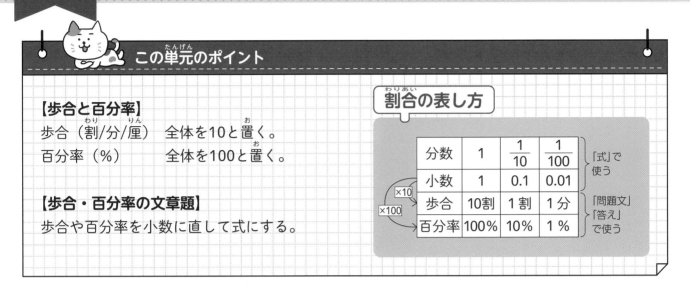

この単元のポイント

【歩合と百分率】

歩合（割/分/厘）　全体を10と置く。

百分率（％）　全体を100と置く。

【歩合・百分率の文章題】

歩合や百分率を小数に直して式にする。

割合の表し方

分数	1	$\frac{1}{10}$	$\frac{1}{100}$	「式」で使う
小数	1	0.1	0.01	
歩合	10割	1割	1分	「問題文」「答え」で使う
百分率	100%	10%	1%	

×10　×100

HOP

【歩合と百分率】　□に入る数を求めなさい。

小数	0.4	□
歩合	□	□
百分率	□	60%

 「果汁100%のぶどうジュース」と「果汁20%のぶどうジュース」，どちらが好き？

100%のほうが好き！　だって，味が濃いんだもん。
でも，100%と20%ってどうして味が違うの？

 ジュースを作っている材料の割合が違うの。ジュース全体の量を100としてみると……，

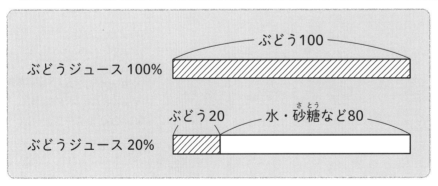

ぶどうジュース100%　ぶどう100

ぶどうジュース20%　ぶどう20　水・砂糖など80

えー！　20%のぶどうジュースって，ぶどうがほとんど入ってないじゃん！

 ぶどうは値段が高いから，水や砂糖で薄めているんだね。全体を100と置いたとき，どれだけの割合を占めるか表したものを「百分率」といって，「%（パーセント）」で表すよ。

ほかにも，全体を10と置く「歩合」という表し方があるの。
それぞれケーキの量で見比べてみよう。

ケーキ	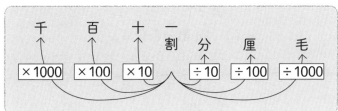			
分数	1	$\frac{1}{2}$	$\frac{1}{4}$	$\frac{1}{8}$
小数	1	0.5	0.25	0.125
歩合	10割	5割	2割5分	1割2分5厘
百分率	100％	50％	25％	12.5％

全体

×10　×100　÷10　÷100

百分率はわかるけど，歩合は何だか単位がいっぱいあってよくわからないなぁ……。

大きい数の単位が「一，十，百，千，万，億，兆……」と変わっていくように，小さい数の単位も「割，分，厘，毛……」と変わっていくの。歩合は，この小さい数の単位だね。

```
千      百      十      一
↑      ↑      ↑      割  分    厘    毛
                          ↑    ↑    ↑
×1000  ×100   ×10      ÷10  ÷100 ÷1000
```

こう見ると，ちょっと身近に思えるね。

小数は全体を 1，歩合は全体を10，百分率は全体を100にしているから，

小数×10→○割	○割÷10→小数
小数×100→○％	○％÷100→小数

だから，問題の答えは，下のようになるよ。

小数	0.4	0.6
歩合	×10　4割	×10　6割
百分率	40％　×100	60％　÷100

まず，小数を求めてから歩合を求める。

【歩合と百分率】 （ア）～（カ）に入る数を求めなさい。

小数	0.15	（ウ）	（オ）
歩合	（ア）	（エ）	3割2分
百分率	（イ）	80%	（カ）

小数→歩合のときは，「小数×10」をして，順に割，分，厘……と割り振ります。

$$0.123 \xrightarrow{\times 10} \underset{割}{1} \vdots \underset{分}{2} \underset{厘}{3}$$

作業しよう

（ア）

1割5分

（イ）

15%

（ウ）

0.8

（エ）

8割

（オ）

0.32

（カ）

32%

（ア）［小数→歩合］

「×10」をして，順に割，分，厘……，と割り振る。

$$0.15 \times 10 = \underset{割}{1} \vdots \underset{分}{5}$$

よって，1割5分。

（イ）［小数→百分率］

「×100」をする。0.15×100＝15（%）。

（ウ）［百分率→小数］

「÷100」をする。80÷100＝0.8。

（エ）［小数→歩合］

「×10」をして，順に割，分，厘…と割り振る。0.8×10＝8（割）。

（オ）［歩合→小数］

割を基準にして「÷10」をする。3割(2分)÷10＝0.32。

（カ）［小数→百分率］

「×100」をする。0.32×100＝32（%）。

やってみよう！

（ ）の形に直しなさい。

(1) 7割5分（小数）　　(2) 31%（小数）　　(3) 0.245（歩合）　　(4) 0.98（百分率）

「歩合→小数」は，「割÷10」だニャ。

［やってみよう！　解答] (1) 7割5分→7割(5分)÷10＝0.75　　(2)31÷100＝0.31　　(3)0.245×10＝2.45→2割4分5厘　(4)0.98×100＝98(%)

HOP

【歩合・百分率の文章題】 □に入る数を求めなさい。
(1) 500円の2割は□円です。　　(2) 1200mの30%は□mです。

(1)は，500×2割＝1000(円)でいいのかな？

残念。歩合と百分率を式にするときは，全体(元にする量)を1と考えるの。
つまり，小数に直して式で使うの。

小数	1	0.2	0.3
歩合	10割	2割	3割
百分率	100%	20%	30%

そのために表を埋める練習をしたんだ！
じゃ，(1)は500×0.2＝100(円)，(2)は1200×0.3＝360(m)ってことだね！

HOP

【歩合・百分率の文章題】 □に入る数を求めなさい。
(1) 84人は420人の□割です。　　(2) 15gは300gの□%です。

さぁ，79ページで勉強したことを思い出して，式を作ってみて。

こんなふうに式にしてみたよ。

(1) 420×□＝84	(2) 300×□＝15
□＝84÷420	□＝15÷300
＝0.2	＝0.05

式から0.2や0.05が求められたね。つまり，わかったのはココで，聞かれているのはココ。

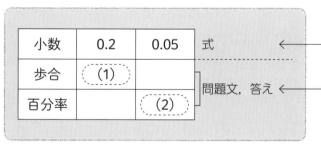

そっか。だから，(1)は歩合で答えるから2割，(2)は百分率で
答えるから5%ってことだね。

【歩合・百分率の文章題】　□に入る数を求めなさい。
(1) 480円の 2 割は□円です。　　(2) □gの14%は35gです。
(3) 30kgの□割は12kgです。　　(4) 75は600の□%です。

作業しよう

(1)
手順① 　480 × 0.2 = 96

　　　　　　　　　　　　　　96（円）

(2)
手順① 　□ × 0.14 = 35
　　　　　　□ = 35 ÷ 0.14 = 250

　　　　　　　　　　　　　　250（g）

(3)
手順① 　30 × □ = 12
　　　　　　□ = 12 ÷ 30 = 0.4

　　　　　　　　　　　　　　4（割）

(4)
手順① 　600 × □ = 75
　　　　　　□ = 75 ÷ 600 = 0.125

　　　　　　　　　　　　　　12.5（%）

(1) 歩合を小数に直す→式にする。

　　2 割→0.2なので，480 × 0.2 = 96（円）。

(2) 百分率を小数に直す→式にする。

　　14%→0.14なので，
　　□ × 0.14 = 35
　　□ = 35 ÷ 0.14 = 250（g）。

(3) 式→歩合に直す。

　　30 × □ = 12
　　□ = 12 ÷ 30 = 0.4
　　よって，4 割。

(4) 式→百分率に直す。

　　600 × □ = 75
　　□ = 75 ÷ 600 = 0.125
　　百分率は「小数×100」をすると%になる。
　　0.125 × 100 = 12.5

　　| 12 | 5 |
　　| % | |

　　よって，12.5%。

やってみよう！

□に入る数を求めなさい。

(1) 1800円の 2 割 5 分は□円です。　　(2) □gの 5 %は120gです。

式は小数で
作るニャ。

［やってみよう！　解答］(1) 2 割 5 分→0.25なので1800×0.25＝450（円）　(2) 5 %→0.05なので□×0.05＝120　□＝2400（g）

（1）1.5Lの3割4分は何dLですか。

（ノートルダム清心中学校　2022）

（1）1.5L＝15dL

15×0.34＝5.1

答え：　5.1dL

（2）□円の75%の金額は3000円です。

（初芝富田林中学校　2022）

（2）□×0.75＝3000

□＝3000÷0.75＝4000

答え：　4000

（3）10650円の40%は□円です。

（浦和実業学園中学校　2022　第1回午前）

（3）10650×0.4＝4260

答え：　4260

（4）400グラムの3割は何グラムの2割5分に等しいですか。

（札幌光星中学校　2022）

（4）400×0.3＝□×0.25

120＝□×0.25

□＝120÷0.25＝480

答え：480グラム

17

歩合と百分率

この単元のポイント

【片方一定／和一定／差一定】
問題文に沿って要素を書き表す。
変わらないものに注目する。

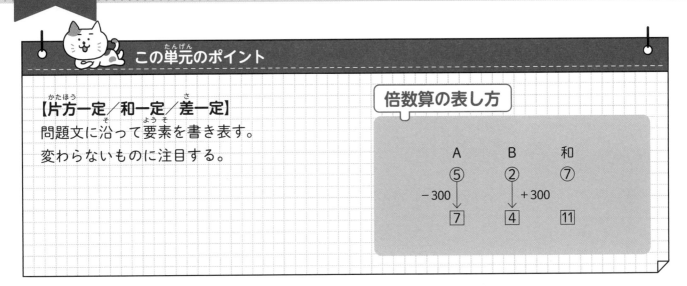

倍数算の表し方

	A	B	和
	⑤	②	⑦
	−300 ↓	↓ +300	
	⑦	④	⑪

HOP

【片方一定】　えりさんの持っているアメとグミの比は7：3でしたが，アメを10個食べたのでアメとグミの比が3：2になりました。最初にアメを何個持っていましたか。

 今回勉強する「倍数算」は，問題文に沿って，こんなふうに数字を並べて書いて解くよ。

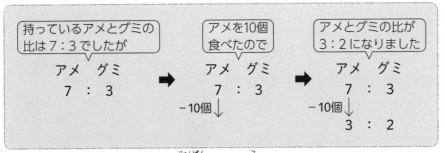

なるほど〜。こうやって順番に書き込むんだね。でも，ここからどうやって解くの？

 解く前にまず，比の表し方には2通りあるってことをもう一度確認するね。

〈比例式〉　　　〈①解法〉
A：B＝2：1　　A　B
　　　　　　　　②　①

「比例式」と「①解法」って，同じことを表していたんだ。

そうなの。倍数算は「①解法」を使うと解きやすいから，さっきの図を書き直すね。

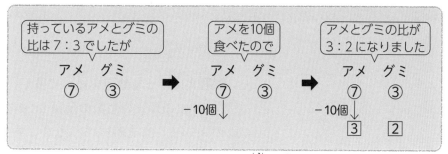

ふーん。どうして印を付けるのに，○だけじゃなくて□も使うの？

比が変わったから，記号も変えないとね。もし後の比も○で書いちゃったら……，

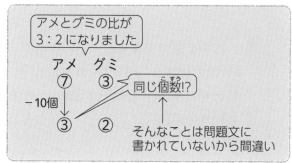

さて，ここで問題。えりさんの手持ちの中で，個数が変わっていないのはどーれだ？

え？　グミじゃないの??

そのとおり！　片方は個数が変わらないよね。このタイプを「片方一定」と呼びます。倍数算では「変わらないもの」をそろえて解くの。90ページの連比と同じく，グミの数字を③と②の最小公倍数⑥でそろえてみよう。これも90ページと同じ比合わせだよ。

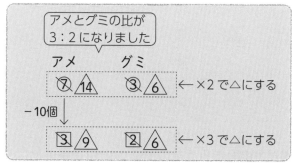

あ！　⑤が10個ってわかるんだ！　じゃ，⑤＝10（個）で①＝2（個）だから，最初のアメは⑭＝28（個）ってことだね！

【片方一定】 リンゴとミカンの個数の比は 5：4 でしたが，ミカンを 4 個食べたので，個数の比は 3：2 になりました。リンゴは何個ありますか。

作業しよう

手順① 　リンゴ　ミカン
　　　　　⑤　　　　④

手順② 　リンゴ　ミカン
　　　　　⑤　　　　④
　　　　　　　　　↓ －4個

手順③ 　リンゴ　ミカン
　　　　　⑤　　　　④
　　　　　　　　　↓ －4個
　　　　　③　　　　②

手順④ 　リンゴ　　　　ミカン
　　　　　⑤ 15　　　④ 12　← ×3
　　　　　　　　　　↓ －4個
　　　　　③ 15　　　② 10　← ×5

手順⑤ 　△2 ＝4個
　　　　　△1 ＝2個
　　　　　△15 ＝30個

　　　　　　　　　　　　　　　30個

---

① **問題文に沿って数字を並べて書く。**

『リンゴとミカンの個数の比は 5：4 でしたが』
比の「5：4」は比例式ではなく，数字を○で囲む「①解法」を使う。

② **流れを書く。**

『ミカンを 4 個食べたので』
「－（引く）」を使って 4 個減ることを表す。

③ **数字を並べて書く。**

『個数の比は 3：2 になりました』
初めの「5：4」とは比が異なるので，○以外の記号で囲む（□，△，▽，◇など）。

④ **比合わせをする。**

リンゴは食べていないので個数は変わらない。つまり，⑤と③は個数が同じなので比合わせ（＝最小公倍数にそろえる）をして，新しい比の記号（△）に統一する。

5 と 3 の最小公倍数は15なので，最初の比を「×3」，ミカンを食べた後の比を「×5」する。

⑤ **記号と数字が一致している部分を探す。**

食べたミカンは△2であり 4 個でもあるので「＝」で結ぶ。

△2 ＝4（個）

△1 ＝2（個）

△15 ＝30（個）

やってみよう！

兄と弟の持っているお金の比は 9：2 でしたが，弟が200円もらったので 2 人の所持金の比は 7：2 になりました。兄はいくら持っていますか。

「比合わせ」は最小公倍数にそろえるニャ。

　［やってみよう！　解答］兄の所持金は変わらないので，兄の比を 9 と 7 の最小公倍数63にそろえます。兄の所持金は3150（円）。

【和一定】　そらさんとあおさんが持っているシールの枚数（まいすう）の比は5：1でしたが，そらさんがあおさんにシールを5枚あげたので，2人のシールの比は7：2になりました。そらさんは最初にシールを何枚持っていましたか。

この問題文の中で，変わらないものは何かわかるかな？

そらさんがあおさんにシールをあげても，シールの枚数の合計は変わらないよね？

そうなの。このように合計が変わらないタイプを「和一定」といって，こう解くよ。

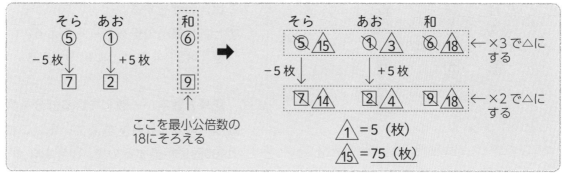

比合わせをすると，そらさんはちゃんと△1減って，あおさんはちゃんと△1増えてるね！

【差一定】　そらさんとあおさんが持っている所持金の比は5：9でしたが，2人とも210円使ったので，所持金の比が2：5になりました。そらさんの所持金はいくらになりましたか。

2人とも同じ金額（きんがく）を使っているんだ。

この場合「2人の金額の差」は変わらないよね。
差が変わらないタイプを「差一定」といって，こう解くよ。

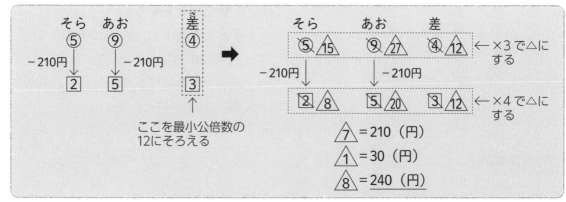

倍数算は問題文から「片方一定」「和一定」「差一定」を見抜いて，
「変わらないもの」をそろえればいいんだね。

18

割合の文章題

【和一定】 姉と妹の所持金の比は 6：1 でしたが，姉が妹に100円あげたので所持金の比が 13：8 になりました。妹の所持金はいくらになりましたか。

作業しよう

手順①

① **問題文に沿って数字を並べて書く。**

姉は「－100円」，妹は「＋100円」となる。
問題文より「和一定」とわかるので，やりとり前と後の和を書く。

手順②

姉	妹	和
⑥ 18	① 3	⑦ 21
－100円↓	↓＋100円	
13	8	21

② **比合わせをする。**

⑦と21を最小公倍数21にそろえる。
○を「×3」すれば□に統一できる。

手順③ 5 ＝ 100（円）
1 ＝ 20（円）
8 ＝ 160（円）

160円

③ **記号と数字が一致している部分を探す。**

姉は5減り，妹は5増えている。これはそれぞれ100円に相当するので，5 ＝ 100（円）。
姉からお金をもらった後の妹の所持金を聞かれているので，8 ＝ 160（円）。

【差一定】 姉と妹の所持金の比は 15：7 でしたが，2 人とも250円もらったので所持金の比が 25：13 になりました。最初に姉はいくら持っていましたか。

作業しよう

手順①

① **問題文に沿って数字を並べて書く。**

2 人とも「＋250円」なので「差一定」とわかる。

手順②

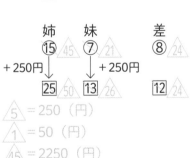

5 ＝ 250（円）
1 ＝ 50（円）
45 ＝ 2250（円）

2250円

② **比合わせをする。**

⑧と12を最小公倍数24にそろえると
5 ＝ 250（円）とわかる。
最初の姉の所持金を聞かれているので，
45 ＝ 2250（円）。

やってみよう！

兄と弟の所持金の比は 13：8 でしたが，2 人とも200円使ったので所持金の比が 7：4 になりました。弟の所持金はいくらになりましたか。

「何一定」か考えるニャ。

［やってみよう！ 解答］「差一定」の倍数算。差を15にそろえると，お金を使った後の弟の所持金は1000（円）。

(1) 姉と妹がそれぞれ持っている鉛筆の本数の比は 7：3 ですが，姉が妹に14本あげると，2人の持っている鉛筆の本数の比は 7：5 になります。姉と妹が持っている鉛筆を合わせると全部で何本ですか。

（横浜雙葉中学校　2022）

(1) 姉と妹でやりとりしているので「和一定」の倍数算です。

```
     姉          妹          和
   ⑦ △42      ③ △18      ⑩ △60
  −14本↓       ↓+14本
   ⑦ △35      ⑤ △25      ⑫ △60
```

△7 = 14（本）
△1 = 2（本）
姉と妹で △42 + △18 = △60（本）持っているので
△60 = 120（本）

答え：　120本

(2) 2つの商品A，Bの値段の比は 3：2 でしたが，A，B ともに360円値上げすると値段の比は 9：7 になりました。値上げ前のAの値段は [ ] 円です。

（昭和女子大学附属昭和中学校　2022　A）

(2) AもBも同じ金額分の値上げなので「差一定」の倍数算です。

```
     A           B          差
   ③ 6        ② 4        ① 2
  +360円↓      ↓+360円
   9           7           2
```

③ = 360（円）
① = 120（円）
6 = 720（円）

答え：　720

(3) 関大君と陽子さんの所持金の比は初め 4：1 でしたが，2人とも1200円のおこづかいをもらったので，2人の所持金の比は 7：4 になりました。おこづかいをもらった後の陽子さんの所持金は何円か答えなさい。

（関西大学北陽中学校　2022）

(3) 関大君も陽子さんも同じ金額のおこづかいをもらったので「差一定」の倍数算です。

```
     関          陽          差
   ④          ①          ③
  +1200円↓      ↓+1200円
   ⑦ ⑦        ④ ④        ③ ③
```

③ = 1200（円）
① = 400（円）
④ = 1600（円）

答え：　1600円

(2) (3) は，一方の記号に統一するだけでOKです。

この単元のポイント

【割増し／割引き】
元の値段×（1±○）。

【単数売り】
「原価（仕入れ値）／定価／売価／定価」の意味
を理解する。

「原定売（単数売り）」の書き方

原	定		原	定	売
○円	△円		○円	△円	□円
↑	↑		↑		↑
利 ♡円				利 ♡円	

HOP

【割増し／割引き】 100円の3割増しと3割引きはそれぞれいくらですか。

昨日ね，牛丼のマシマシしたよ。お腹いっぱいになった。

マシマシって，具を増やす裏ワザだよね。マシマシってどんな漢字かわかる？

うーん，増やすだから「増す」かな？

そのとおり！　元の牛丼に，さらに具を増すんだよね。
実は，今回勉強する「売買損益（ばいばいそんえき）」も同じ考え方なの。
たとえば100円の3割増し，3割引きはこんなふうに考えるよ。

100円 ──3割（30円）増す──→ 130円　　　100円 ──3割（30円）引く──→ 70円

なんだ，簡単じゃん。

よかった。これを1つの式にしてみよう。

「100円の3割増し」　　　「100円の3割引き」
100×（1＋0.3）＝130　　　100×（1−0.3）＝70

え……!?　なんだか急にわからなくなった……。

111ページで，歩合や百分率を式にするときは小数にするって勉強したよね。

小数	1	0.3	「式」で使う
歩合	10割	3割	「問題文」「答え」
百分率	100%	30%	で使う

うん，覚えてる。

そしてここが大事。「100円の3割増し」ということは，100円が「元にする量」，つまり100円を基準に考えるの。それを式にすると……，

「100円の3割増し」

$$100 + 100 \times 0.3 = 130$$
元にする量　元にする量の3割

⇩

$$100 \times (1 + 0.3) = \underline{130}（円）$$
元にする量　　元にする量の3割

「100円の3割引き」

$$100 - 100 \times 0.3 = 70$$
元にする量　元にする量の3割

⇩

$$100 \times (1 - 0.3) = \underline{70}（円）$$
元にする量　　元にする量の3割

上の式でもいいんだけど，下の式をぜひマスターしてね。
「割増し」や「割引き」は，必ず「元にする量＝1」を基準にするよ！

「○割増し」

元の値段×(1+○)
　　　　　　小数

「○割引き」

元の値段×(1−○)
　　　　　　小数

【割増し／割引き】　□に入る数を求めなさい。
(1) 1500円の2割増しは□円です。　　(2) 800円の25%引きは□円です。

 **作業しよう**

(1)
手順① 　1500 × (1 + 0.2) = 1800

1800円

(1)

① 歩合を小数に直す→式にする。

2割→0.2

<u>1500</u>　×　（<u>1</u>　+　<u>0.2</u>）　=　<u>1800</u>（円）

元の値段　　元にする量　元にする量の2割

(2)
手順① 　800 × (1 − 0.25) = 600

600円

(2)

① 百分率を小数に直す→式にする。

<u>800</u>　×　（<u>1</u>　−　<u>0.25</u>）　=　<u>600</u>（円）

元の値段　　元にする量　元にする量の25%

やってみよう！

□に入る数を求めなさい。

(1) 950円の10%増しは□円です。　　(2) 6400円の1割5分引きは□円です。

歩合や百分率の増減は，
1が基準になるニャ。

［やってみよう！　解答］(1)950 × (1 + 0.1) = <u>1045(円)</u>　(2) 1割5分 = 1.5割を小数にします。6400 × (1 − 0.15) = <u>5440(円)</u>

【単数売り】　100円で仕入れた品物に30%の利益を見込んで定価をつけました。このときの利益はいくらですか。

ここから売買損益に使う言葉を見ていくよ。バザーでスライムを作って売る場合，最初に何から始める？

まずスライムの材料を買わないとね。

だよね。じゃ，300円で材料を手に入れて，作ったスライムはいくらで売ろうか？

う〜ん，500円かなぁ。

OK。じゃ，いくらもうかるかな？

$500-300=200$（円）！

そのとおり！　実は売買損益では，今，出てきた金額すべてに名前がついているの。

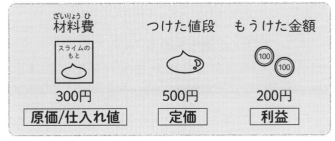

「原価（げんか）」と「仕入れ値（しいれね）」って同じこと？

同じだよ。材料や売る物を手に入れることを「仕入れる」というの。最初につけた値段を定価（ていか），もうけた金額を「利益（りえき）」と呼ぶので，これらの言葉に沿って問題を解いてみよう。

「30%の利益を見込んで定価をつけた」ってどういう意味？

「30%の利益を含める＝30%増し」という意味だよ。

じゃ，こういうことかな？

原価	定価	利益
100円	$100\times(1+0.3)=130$（円）	$130-100=\underline{30}$（円）

よくできました！　最初は言葉にとまどうかもしれないけれど，慣れるまで頑張ろうね！

【単数売り】 原価300円の品物に15％増しの定価をつけると，利益はいくらになりますか。

作業しよう

手順① 300×（1＋0.15）＝345（円）

① 定価を求める。

定価は 300×（1＋0.15）＝345（円）。

手順② 345－300＝45（円）

45円

② 利益を出す。

もうけた金額は，

345－300＝<u>45</u>（円）。

【単数売り】 1200円で仕入れた品物に1割5分の利益を見込んで定価をつけました。利益はいくらになりますか。

「〇増し」「利益を見込む」などいろいろな表現が出てくるけれど，言っていることは同じです。

作業しよう

手順① 1200×（1＋0.15）＝1380（円）

① 定価を求める。

「1割5分の利益を見込む」とは「15％増し」と同じ意味。

1200×（1＋0.15）＝1380（円）。

手順② 1380－1200＝180（円）

180円

② 利益を出す。

もうけた金額は，

1380－1200＝<u>180</u>（円）。

やってみよう！

原価4000円の品物に25％の利益を見込んで定価をつけました。利益はいくらになりますか。

定価は必ず式を書いて求めるニャ。

［やってみよう！ 解答］4000×（1＋0.25）＝5000（円） 5000－4000＝<u>1000</u>（円）

【単数売り】 100円で仕入れた品物に30%の利益を見込んで定価をつけましたが，売れなかったので定価の10%引きで売りました。利益はいくらですか。

定価で売れないときは値引き（安く）すると売れるよね。夕方にスーパーに行くと，おそうざいに値引きシールが貼られているの，見たことある？

ある！ ママはいつもそれを狙って夕方にスーパーに行くよ。

先生も（笑）。その値引きして売れた金額を「売価（ばいか）」と呼ぶの。

じゃ，定価が 100×（1＋0.3）＝130（円）だから，売価は 130×（1－0.1）＝117（円）てこと？

そのとおり！ そして，このときの利益は 117－100＝<u>17（円）</u>だね。

う～ん，言葉がいろいろ出てきて頭がゴチャゴチャしてきた……。

だよね。でも大丈夫！ 魔法の表「ゲンテイバイ（原定売）」を教えちゃう！

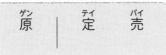

「原」と「定」の間の線は何？

自分の払ったお金と，自分に入ったお金を区別する線だよ。
線の左（自分の払ったお金）と右（自分に入ったお金）の差が利益になるの。

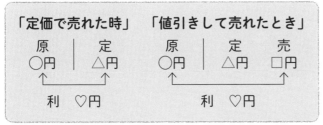

だから，この問題をゲンテイバイの表に書き込むと……，

確かにいろいろな金額が整理されて見やすいね。線の意味もわかったよ！

【単数売り】 1800円で仕入れた品物に2割5分の利益を見込んで定価をつけましたが，売れなかったので定価の8%引きで売りました。利益はいくらになりますか。

作業しよう

手順①　　　原　　　　定　　　　売

① 表を書く。

定価の値引きがあるので「原／定／売」まで書く。

手順②　　　原　　　　定　　　　売
　　　　　1800円　　2250円　　2070円

　　　　1800 × (1 + 0.25) = 2250
　　　　2250 × (1 − 0.08) = 2070

② 原価，定価，売価を書き込む。

定価は 1800 × (1 + 0.25) = 2250（円）。

売価は 2250 × (1 − 0.08) = 2070（円）。

手順③　　　原　　　　定　　　　売
　　　　　1800円　　2250円　　2070円
　　　　　　↑　　　　　　　　　↑
　　　　　　　　　利　270円
　　　　1800 × (1 + 0.25) = 2250
　　　　2250 × (1 − 0.08) = 2070
　　　　2070 − 1800 = 270
　　　　　　　　　　　　　　　270円

③ 利益を出す。

利益は売価と原価の差なので，

2070 − 1800 = 270（円）。

やってみよう！

2800円で仕入れた品物に25%の利益を見込んで定価をつけましたが，売れなかったので定価の10%引きで売りました。利益はいくらになりますか。

「原／定／売」の表に
書き込むニャ。

［やってみよう！ 解答］定価は 2800 × (1 + 0.25) = 3500（円），売価は 3500 × (1 − 0.1) = 3150，利益は 3150 − 2800 = 350（円）。

（1）原価5000円の品物に2割の利益を見込んで定価をつけました。この品物を定価の15%引きで売ったとき利益は何円ですか。

（関西大学第一中学校　2022）

（1）式だけでも解けますが、「原定売」の表に情報を整理するとよりわかりやすくなります。

定価　5000×(1＋0.2)＝6000（円）

売価　6000×(1－0.15)＝5100（円）

原	定	売
5000円	6000円	5100円
利		

よって、利益は5100－5000＝100（円）。

答え：　100円

（2）定価1600円の商品があり、A商店では、この商品を25%引きで売っています。

このとき、次の問いに答えなさい。

① A商店で売っている値段はいくらですか。

② B商店がこの商品を30%引きで売り始めたので、A商店は売っている値段のさらに5%引きで売ることにしました。A商店とB商店では、どちらが何円安いですか。

（カリタス女子中学校　2022　第1回）

（2）① 1600×(1－0.25)＝1200

答え：　1200円

② B商店の売価は、

1600×(1－0.3)＝1120（円）

A商店の売価は、①よりさらに5%引きになるので、

1200×(1－0.05)＝1140（円）

A商店とB商店の売価の差は、

1140－1120＝20（円）。

答え：B商店のほうが20円安い

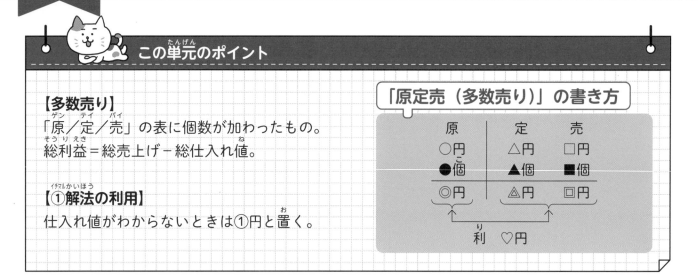

この単元のポイント

【多数売り】
「原／定／売」の表に個数が加わったもの。
総利益＝総売上げ－総仕入れ値。

【①解法の利用】
仕入れ値がわからないときは①円と置く。

「原定売（多数売り）」の書き方

原	定	売
○円	△円	□円
●個	▲個	■個
◎円	△円	□円

利 ♡円

HOP

【多数売り】 原価500円の品物を100個仕入れ，3割増しの定価をつけました。半分売れたところで，残りの品物を定価の2割引きにしたところ，全部売れました。総利益を求めなさい。

いろいろな言葉が出てきた……，混乱しそう……。

 売買損益に個数がからむときは，「原／定／売」の値段の下に個数を書くよ。
定価は $500 \times (1 + 0.3) = 650$（円），売価は $650 \times (1 - 0.2) = 520$（円）だね。そして，定価で半分，値引き後で残りが全部売れたから……。

	原	定	売
1個当たりの値段 →	500円	650円	520円
個数 →	100個	50個	50個

これ，わかりやすいね！

 でしょ♪ 1個当たりの値段と個数を書いたら，続けてこんなふうに解き進めていくよ。

原	定	売
500円	650円	520円
×	×	×
100個	50個	50個
↓	↓	↓
50000円	32500円	26000円

確かに，1個500円の物を100個仕入れたら 500×100＝50000（円）になるね。

同じように，定価で売れた合計金額，値引き後の売価で売れた合計金額も計算できるよね。これらを，こんなふうに呼びます。

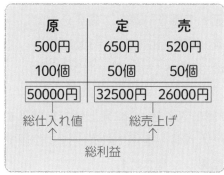

「総売上げ」っていうのは，売れた金額の合計ってこと？

そのとおり！ 最終的にいくらもうかったかは，「総売上げ（売れた合計）」と「総仕入れ値（仕入れた合計）」の差になるの。このもうけを「総利益」といいます。

総利益＝総売上げ－総仕入れ値

全部「総」がつくんだね。

総は「すべて」という意味だからね。だから，問題の答えの総利益はこうなるよ。

$$(32500 + 26000) - 50000 = 8500（円）$$
総売上げ　　　総仕入れ値

何だか計算するケタ数が大きいね。

目のつけどころが鋭い！
多数売りは，いつも以上に計算に注意しようね。

【多数売り】 ある品物を 1 個150円で120個仕入れ，2 割増しの定価をつけましたが，90個売れたところで，残りを定価の 1 割引きですべて売りました。総利益を求めなさい。

 作業しよう

手順①

原	定	売
150円	180円	162円
120個	90個	30個

① 表を書く。

定価と売価を計算して書き込む。

定価　150×(1＋0.2)＝180（円）

売価　180×(1－0.1)＝162（円）

手順②

原	定	売
150円	180円	162円
120個	90個	30個
18000円	16200円	4860円

② 「総仕入れ値」「総売上げ」を計算する。

総仕入れ値，定価での売上げ，売価での売上げを計算して書き込む。

総仕入れ値　150×120＝18000（円）

定価での売上げ　180×90＝16200（円）

売価での売上げ　162×30＝4860（円）

手順③

原	定	売
150円	180円	162円
120個	90個	30個
18000円	16200円	4860円

21060円

利　3060円
(16200＋4860)－18000＝3060　　3060円

③ 総利益を求める。

「総売上げ」－「総仕入れ値」＝「総利益」

総売上げは 16200＋4860＝21060（円）となる。
　　　　　　定価での　売価での
　　　　　　売上げ　　売上げ

よって，総利益は21060－18000＝3060（円）。

やってみよう！

【多数売り】 ある品物を 1 個80円で200個仕入れ，5 割増しの定価をつけましたが，160個売れたところで，残りを定価の 2 割 5 分引きですべて売りました。総利益を求めなさい。

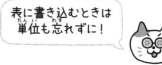

表に書き込むときは
単位も忘れずに！

[やってみよう！ 解答] 定価は 80×(1＋0.5)＝120(円)，売価は 120×(1－0.25)＝90(円)。
　　　　　　　総仕入れ値は 80×200＝16000(円)，定価での売上げは 120×160＝19200(円)，
　　　　　　　売価での売上げは 90×40＝3600(円)。よって，総利益は (19200＋3600)－16000＝6800(円)。

【①解法の利用】 ある品物に2割5分の利益を見込んで定価をつけましたが，実際は定価の12%引きで売ったので，利益は330円になりました。この商品の仕入れ値を求めなさい。

 さぁ，今回も「原／定／売」の表を書くよ。

え？ でも原価がいくらかわからないから，何にも書けないよ～。

 いいところに気がついたね！ 原価がわからないときは，①円と置いて解き進めればOK。定価は①×(1 + 0.25) = 1.25，売価は1.25×(1 − 0.12) = 1.1になるね。

原	定	売
①	⑴.25	⑴.1

原価が①だと，今までの問題より計算がラクだね。

 そうなの。だから原価がわからない問題は「ラッキー♪」だよね。

利益の330円はどうすればいいの？

81ページのときと同じく，○と数字が同じものを「＝（イコール）」で結べばいいよ。

そっか，「原／定／売」の表から，利益も○で表せるね。

原	定	売
①	⑴.25	⑴.1

利 ⓪.1

つまり，利益の⓪.1と330円を「＝」で結べるから……

$$×10 \begin{cases} ⓪.1 = 330 （円） \\ ① = 3300 （円） \end{cases} ×10$$

原価（＝仕入れ値）は3300円だ！

 よくできました！
『わからないものは①と置く（問題によっては最小公倍数）』は，とっても便利だから自由に使えるようにしておこうね。

【①解法の利用】 原価の4割の利益を見込んで定価をつけましたが，定価から2割5分引きした630円で売りました。原価を求めなさい。

作業しよう

手順①

原	定	売
①	1.4	1.05

① 表を書く。

原価がわからないので，原価を①と置いて定価，売価を求める。

定価 ① × (1 + 0.4) = 1.4

売価 1.4 × (1 − 0.25) = 1.05

手順②

原	定	売
①	1.4	1.05
		630円

1.05 = 630（円）

① = 630 ÷ 1.05

= 600（円）

600円

② 同じものを「＝」で結ぶ。

売価は 1.05 でもあり630円でもあるので，

÷1.05（ 1.05 = 630（円）

① = 630 ÷ 1.05 ）÷1.05

= 600（円）

やってみよう！

原価の3割の利益を見込んで定価をつけた品物を，定価の1割引きで売ると利益が850円になりました。原価を求めなさい。

原価を①と置いて「原／定／売」の表に書き込むニャ。

［やってみよう！ 解答］原価を①円とすると，定価は① × (1 + 0.3) = 1.3（円） 売価は 1.3 × (1 − 0.1) = 1.17（円）。
利益は 1.17 − ① = 0.17 なので 0.17 = 850（円）より，① = 850 ÷ 0.17 = 5000（円）。

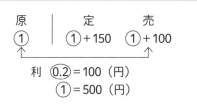

(1) 原価が700円の商品を100個仕入れて，3割増で定価をつけて売ったところ70個売れました。残りの商品を定価の2割引きですべて売ると利益はあわせて☐円です。

（山手学院中学校　2022　A）

(1)「原定売」の表に情報を整理します。

定価　$700 \times (1 + 0.3) = 910$（円）

売価　$910 \times (1 - 0.2) = 728$（円）より，

原	定	売
700円	910円	728円
100個	70個	30個
70000円	63700円	21840円

よって，利益は

$(63700 + 21840) - 70000 = 15540$（円）。

答え：　15540

(2) 原価☐円の商品に4割の利益を見込んで定価をつけましたが，売れなかったので定価の2割引きにして売ったところ，利益は45円でした。

（東洋英和女学院中学部　2022　A）

(2)「原定売」の表に情報を整理します。原価がわからないときは，①円と置いて解き進めます。

定価　①$\times (1 + 0.4) = $①.4（円）

売価　①.4$\times (1 - 0.2) = $①.12（円）

原	定	売
①円	①.4円	①.12円

利　①.12 ＝ 45（円）

①　＝ $45 \div 0.12$

　　＝ 375（円）

答え：　375

(3) 原価☐円の品物に150円の利益を付けて売り出しました。しかし，売れなかったので50円安くして売ったら，1個の利益の割合が原価の2割になりました。

（大妻中学校　2022　第1回）

(3)「原定売」の表に情報を整理します。原価がわからないときは，①円と置いて解き進めます。

原	定	売
①	①＋150	①＋100

利　①.2 ＝ 100（円）

①　＝ 500（円）

答え：　500

食塩水①〜割合でも分数でもお好きなほうで〜

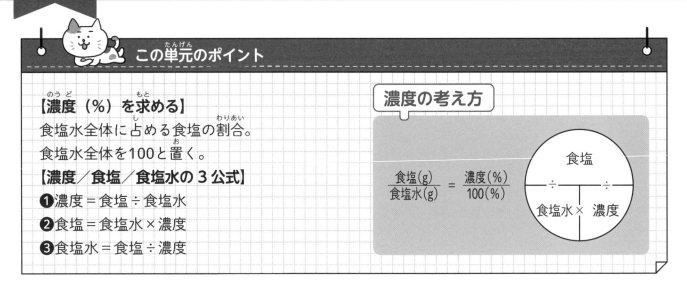

この単元のポイント

【濃度（％）を求める】
食塩水全体に占める食塩の割合。
食塩水全体を100と置く。

【濃度／食塩／食塩水の3公式】
❶濃度＝食塩÷食塩水
❷食塩＝食塩水×濃度
❸食塩水＝食塩÷濃度

濃度の考え方

$$\frac{食塩(g)}{食塩水(g)} = \frac{濃度（％）}{100（％）}$$

食塩
食塩水 × 濃度

HOP

【濃度を求める】 100gの食塩水に6gの食塩が入っているコップAと，360gの食塩水に18gの食塩が入っているコップBでは，どちらが塩からいでしょうか。

これ，なめてみたらわかるんじゃない？

 それは算数じゃないね。コップAとコップBをこんなふうに比べてみよう。

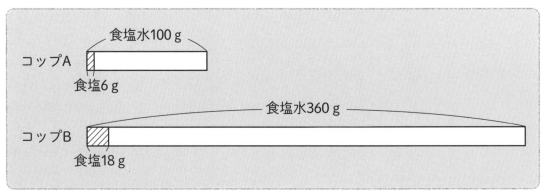

コップA
食塩水100 g
食塩6 g

コップB
食塩水360 g
食塩18 g

こんなんじゃ比べられないよ。

 だよね。だからここで「濃度」の登場！

濃度って何？

 濃度は「どのくらいの濃さか」を百分率で表す，つまり「食塩水全体を100としたときに入っている食塩の量」を％で表したものなの。

確かに全体を100とするって，百分率の考え方だもんね。

つまり，$\dfrac{食塩}{食塩水}=\dfrac{濃度}{100}$ になるの。コップAとコップBを並べてみるね。

「コップA」　　　　「コップB」

$\dfrac{6}{100}$　　　　$\dfrac{18}{360}=\dfrac{5}{100}$

え!?　コップBは$\dfrac{5}{100}$になるの？　これってどこから出てきたの？

 360を「÷3.6」したら100になるよ。それが難しい場合は，79ページの割合も使えるよ。ここで濃度の求め方を2タイプ見てみるね。

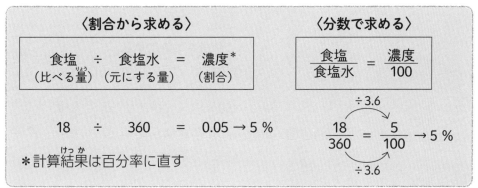

〈割合から求める〉　　　　　　　　　　〈分数で求める〉

食塩	÷	食塩水	=	濃度*
(比べる量)		(元にする量)		(割合)

$\dfrac{食塩}{食塩水}=\dfrac{濃度}{100}$

18　÷　360　=　0.05 → 5%

$\overset{÷3.6}{\overbrace{\dfrac{18}{360}}}=\dfrac{5}{100}$ → 5%（÷3.6）

＊計算結果は百分率に直す

分母を100にするのはちょっと難しそう……。

 360を100にするのは少し難しいけれど，使われている数字によっては便利だよ。たとえば「200gの食塩水に食塩が8g入っている」ときの濃度を求めてみると……，

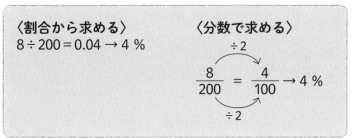

〈割合から求める〉　　　　　〈分数で求める〉
8÷200＝0.04 → 4%

$\dfrac{8}{200}=\dfrac{4}{100}$ → 4%（÷2）

確かに便利だ！

 濃度は常に「全体を100としたときにどれだけを占めるか」だと覚えておこうね。で，結局コップAとコップBはどちらが塩からいのかな？

コップAは6%，コップBは5%だからコップA！
なめても違いはわからなそうだね（笑）。

【濃度を求める】 150gの食塩水に30gの食塩が入っているとき，濃度は何%になりますか。

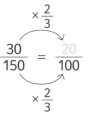 作業しよう

手順① 30÷150＝0.2 → 20%

20%

手順① $\dfrac{30}{150}$ ＝ $\dfrac{}{100}$

手順② $\dfrac{30}{150}$ ＝ $\dfrac{}{100}$ ×$\dfrac{2}{3}$

手順③ $\dfrac{30}{150}$ ＝ $\dfrac{20}{100}$ ×$\dfrac{2}{3}$

20%

[解法1 割合から求める]
① 「食塩÷食塩水＝濃度」を使う。
 30÷150＝0.2 なので，20%。

[解法2 分数で求める]
① 分数を並べて書く。

 $\dfrac{30}{150}$ ＝ $\dfrac{}{100}$

② 分母を100にする。
 150を「×□」して100にする。
 150×□＝100 より □＝$\dfrac{2}{3}$ なので，
 分母と分子をそれぞれ×$\dfrac{2}{3}$ する。

③ 濃度を求める。
 30×$\dfrac{2}{3}$＝20 （%）。

解法2では，
「$\dfrac{食塩}{食塩水}$＝$\dfrac{濃度}{100}$」
から求めます。

150を「÷1.5」
しても100に
なるね。

【濃度を求める】 288gの水に12gの食塩を溶かすと，濃度は何%になりますか。

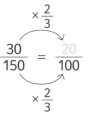 作業しよう

手順① 288＋12＝300 （g）

手順② 12÷300＝0.04 → 4%

4%

① 食塩水を求める。
 食塩水は「水＋食塩」なので288＋12＝300 （g）
[解法1 割合から求める。]
② 「食塩÷食塩水＝濃度」を使う。
 12÷300＝0.04 → 4%。
[解法2 分数で求める]
 $\dfrac{12}{300}$＝$\dfrac{□}{100}$ □＝12÷3＝4 （%）。

やってみよう！

182gの水に18gの食塩を溶かすと濃度は何%になりますか。

食塩水は「水＋食塩」だニャ。

［やってみよう！ 解答］食塩水は 182＋18＝200（g）なので，18÷200＝0.09 → 9%。

HOP

【食塩を求める】　8％の食塩水150gの中には，食塩が何g含まれていますか。

79ページの「元にする量×割合＝比べる量」を使うと，
「食塩水×濃度＝食塩」になるよ。

〈割合から求める〉
$150 \times 0.08 = 12$（g）

〈分数で求める〉
$\dfrac{8}{100} = \dfrac{\square}{150}$
$\square = 8 \times 1.5 = \underline{12}$（g）

HOP

【食塩水を求める】　15％の食塩水に54gの食塩が含まれています。この食塩水は何gですか。

じゃ今までの「濃度」や「食塩」の求め方をそのまま使って解いてごらん。
食塩水は□gとして式を作ってみよう。

どうして「食塩÷濃度」で食塩水が出るのかわからない。

〈割合から求める〉

濃度		
食塩	÷ 食塩水	＝ 濃度
54	÷ □	＝ 0.15
	□	＝ 54 ÷ 0.15
		＝ $\underline{360}$（g）

食塩		
食塩水	× 濃度	＝ 食塩
□	× 0.15	＝ 54
	□	＝ 54 ÷ 0.15
		＝ $\underline{360}$（g）

〈分数で求める〉
$\dfrac{15}{100} = \dfrac{54}{\square}$
$\square = 100 \times \dfrac{54}{15} = \underline{360}$（g）

この問題は真ん中の解き方がわかりやすいかなぁ。

いろいろ使ってみて，解きやすい方法を選んでね。ちなみに，「濃度
／食塩／食塩水」を求める式はこんなふうにまとめられるよ。

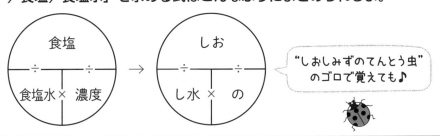

"しおしみずのてんとう虫"
のゴロで覚えても♪

【食塩を求める】　6％の食塩水240gの中には，食塩が何g含まれていますか。

作業しよう

手順①　240 × 0.06 = 14.4（g）

14.4g

① ［解法1　割合から求める］

式を書く。

食塩水 × 濃度 = 食塩　より，

240 × 0.06 = 14.4（g）。

［解法2　分数で求める］

$\dfrac{6}{100} = \dfrac{\square}{240}$　□ = 6 × 2.4 = 14.4（g）。

【食塩水を求める】　2.5%の食塩水に3gの食塩が含まれています。この食塩水は何gですか。

作業しよう

手順①　□ × 0.025 = 3
　　　　□ = 3 ÷ 0.025 = 120

120g

① ［解法1　割合から求める］

式を書く。

食塩 ÷ 食塩水 = 濃度

食塩水 × 濃度 = 食塩
どちらの式を利用してもOK。

□ × 0.025 = 3

□ = 3 ÷ 0.025 = 120（g）。

［解法2　分数で求める］

$\dfrac{2.5}{100} = \dfrac{3}{\square}$　□ = 100 × $\dfrac{3}{2.5}$ = 120（g）。

やってみよう！

□に入る数を求めなさい。

(1) 6％の食塩水450gの中には，食塩が□g含まれています。

(2) 8.5%の食塩水□gには136gの食塩が含まれています。

百分率を小数に直して
式にするニャ。

　［やってみよう！　解答］(1)450 × 0.06 = 27（g）　(2)□ × 0.085 = 136より，□ = 136 ÷ 0.085 = 1600（g）。

(1)　8％の食塩水420gの中には，食塩が何g含まれていますか。

(オリジナル問題)

(1)「食塩水×濃度＝食塩」を使う。

$420 × 0.08 = 33.6$

答え：　33.6g

(2)　185gの水に15gの食塩を溶かすと，濃度は何％になりますか。

(オリジナル問題)

(2)「食塩÷食塩水＝濃度」を使う。

食塩水は$185 + 15 = 200$（g）なので，

$15 ÷ 200 = 0.075 → 7.5\%$

答え：　7.5%

(3)　3％の食塩水に90gの食塩が含まれているとき，この食塩水は何gですか。

(オリジナル問題)

(3)「食塩÷濃度＝食塩水」を使う。

$90 ÷ 0.03 = 3000$

答え：　3000g

この公式が難しい場合は，
「食塩水×濃度＝食塩」を使って，
$□ × 0.03 = 90$
$□ = 90 ÷ 0.03 = 3000$（g）
と解くのもアリです。

(4)　25gの食塩をとかして5%の食塩水をつくります。このとき，何gの水が必要ですか。

(梅花中学校　2022)

(4) 線分図にすると，どこを求めるかがわかります。

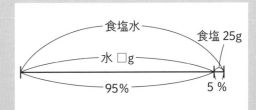

「食塩÷濃度＝食塩水」を使うと，

$25 ÷ 0.05 = 500$（g）←食塩水

食塩水は「水＋食塩」なので，

水は，$500 - 25 = 475$（g）。

答え：　475g

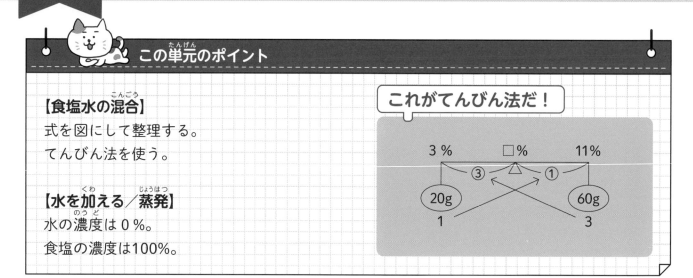

この単元のポイント

【食塩水の混合】
式を図にして整理する。
てんびん法を使う。

【水を加える／蒸発】
水の濃度は0%。
食塩の濃度は100%。

これがてんびん法だ！

HOP

【食塩水の混合】 3%の食塩水210gと8%の食塩水140gを混ぜると何%の食塩水ができますか。

食塩水の混合は，図にしてみるとわかりやすいよ。食塩の量を計算して書き込んでみるね。

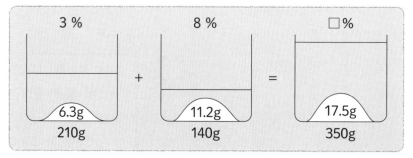

ほんとだ，図にするとわかりやすいね。2つの食塩水を混ぜると，食塩が17.5g，食塩水が350gになるから，濃度は 17.5÷350＝0.05 → 5% だね。

それにしても計算がめんどい……。

よく頑張ったね！
食塩水の混合は今みたいにも解けるんだけど，もっと楽に解きたいよね。
そこでジャジャーン！ 「てんびん法」を伝授します。

てんびん法？

そう。比を使って楽に解く方法なの。一緒に見てみよう！

① てんびんを書く。

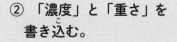

② 「濃度」と「重さ」を書き込む。

濃度⑪ ————→ 濃度⑦
3 % 　　□% 　　8 %
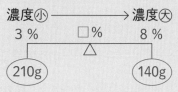
210g 　　　　　140g

※濃度は右へいくほど大きく書く。

③ 「濃度の幅」または「重さ」の比を出す。

3 % 　　□% 　　8 %
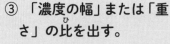
210g 　　　　　140g
　3 　　　　　　2

※ここでは「重さ」の比を出している。

④ 「濃度の幅」と「重さ」を逆比で結ぶ。

3 % 　　□% 　　8 %
②　△　③
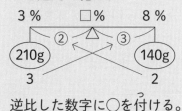
210g 　　　　　140g
　3 　　　　　　2

逆比した数字に〇を付ける。

⑤ 〇と数字を一致させる。

3 % 　　□% 　　8 %
②　△　③
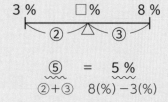

$$\frac{⑤}{②+③} = \frac{5\,\%}{8(\%)-3(\%)}$$

⑥ ①解法を利用して求める場所を計算する。

3 % 　　5 % 　　8 %
②　△　③
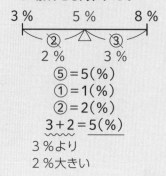
2 % 　　3 %
⑤＝5（％）
①＝1（％）
②＝2（％）
3＋2＝5（％）
3 ％より
2 ％大きい

え……，この手順を覚えるほうが大変そう……。

でも，慣れちゃえば簡単よ。ちなみに，どこがわかりにくい？

「③　濃度の幅または重さの比を出す」っていうのと，「④　逆比で結ぶ」ってとこ。

①②に沿っててんびんを書くと，「濃度の幅」「重さ」のどちらかで比を作れる場所があるの。もう少し例を見てみようか。

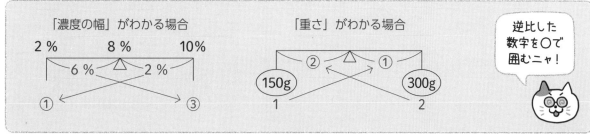

「濃度の幅」がわかる場合

2 % 　　8 % 　　10%
　6 %　△　2 %
①　　　　　③

「重さ」がわかる場合

②　△　①
150g 　　　　　300g
　1 　　　　　　2

逆比した数字を〇で囲むニャ！

あぁ，そういうことか。あと，「⑤　〇と数字を一致させる」っていうのも微妙……。

81ページの線分図と同じく，〇と数字の幅が一致している場所を見つけたら「＝（イコール）」で結べばOKだよ！

【食塩水の混合】　7%の食塩水200gと19%の食塩水100gを混ぜると何%の食塩水ができますか。

作業しよう

手順①

① てんびんを書く。

わかっている「濃度」と「重さ」も書き込む。
濃度は，右に行くほど大きくなるように書く。
7%と19%の食塩水を混ぜると，できる食塩水は7%より濃く19%より薄いので，濃度は7%→□%→19%の順番で書く。

手順②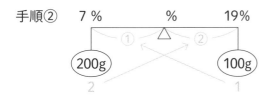

② 「濃度の幅」または「重さ」の比を出し，逆比で結ぶ。

（ここでは「重さ」の比を出している。）

手順③ ③＝12%
　　　 ①＝4%

③ ○と数字を一致させる。

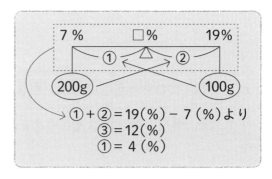

①＋②＝19(%)－7(%)より
③＝12(%)
①＝4(%)

手順④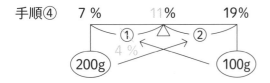

④ 求める場所を計算する。

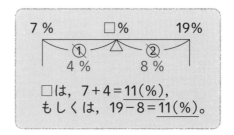

□は，7＋4＝11(%)，
もしくは，19－8＝11(%)。

11%

やってみよう！

5%の食塩水180gと17%の食塩水60gを混ぜると何%の食塩水ができますか。

逆比を忘れないように！

[やってみよう！　解答] てんびんを書いて解きます。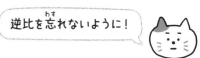

④＝12(%)
①＝3(%)
5＋3＝8(%)

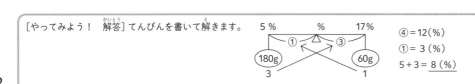

【水を加える】　6 ％の食塩水300gに水を加えて 2 ％にするには，水を何g加えればよいですか。

 水の濃度って何％だと思う？

 え……，水には食塩って入っていないよね。
その場合は何％って言えばいいんだろう……。

 食塩が入っていないから水の濃度は 0 ％なの。ちなみに，食塩そのものの濃度は何％かわかる？

 うーん……。

 食塩そのものは100％。つまり「水＝0 ％」「食塩＝100％」と考えればOK。じゃ，この問題を図にしてみよう。元の食塩水に含まれている食塩は 300×0.06＝18（g） だから……，

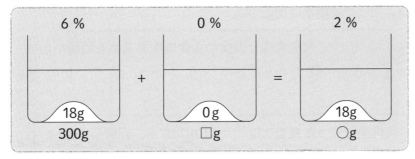

 水を加えてできた食塩水の量は，○×0.02＝18 より ○＝18÷0.02＝900（g）。
だから加えた水の量は □＝900－300＝600（g） とわかるね。

 なるほど……。

 てんびん法でも解いてみようか。

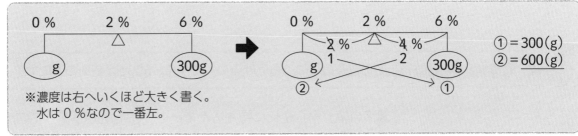

①＝300（g）
②＝600（g）

※濃度は右へいくほど大きく書く。
　水は 0 ％なので一番左。

 今回は「濃度の幅」から比がわかるんだね！

【水の蒸発】　8％の食塩水600gから何gの水を蒸発させたら15%の食塩水になりますか。

この問題も図にしよう。元の食塩水に含まれている食塩は 600×0.08＝48(g) だから……,

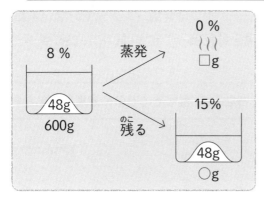

蒸発する水に食塩は含まれていないから，15%の食塩水の中には食塩48g がそのまま残るよね。残った食塩水は何gかな。

これも食塩と濃度から食塩水を求める問題かぁ……。
○×0.15＝48 だから ○＝48÷0.15＝320(g) でいいのかな？

できたじゃない！　蒸発後に残った食塩水は○＝320gだから，蒸発した水は 600－320＝<u>280(g)</u> だね。これもてんびん法で解いてみよう。

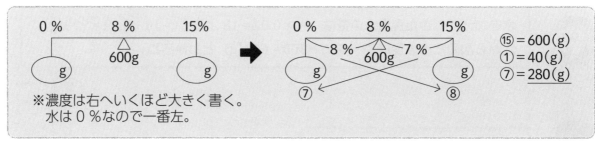

600gを真ん中に書くの!?

食塩水全体の重さは，その濃度の下にぶら下げるの。だから，600gは8％の下になるよね。

「濃度の幅」から逆比に持ち込んで……。⑮＝600(g) って何？

「8％の食塩水」が「水」と「15%の食塩水」に分かれたということは，
逆にいえば「水（⑦g）」と「15%の食塩水（⑧g）」を合わせると，
元の「8％の食塩水（⑮g）」になる，ということになるよね。

【水を加える】　7％の食塩水420gに水を加えて3％にするには，水を何g加えればよいですか。

てんびんに書き込む濃度は，必ず「右にいくほど大きく」なるようにします。

作業しよう

手順①

0％　　3％　　7％　　△　　　g　　420g

① てんびんを書く。

問題文に出てくる濃度は「7％」「0％」「3％」なので，この数字を小さいほうから順に書く。

手順②

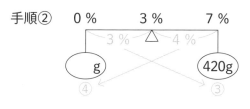

0％　　　3％　　　7％　　3％　△　4％　　g　　　　420g　　④　③

③＝420（g）
①＝140（g）
④＝560（g）

560g

② 逆比を利用して濃度を求める。

「濃度の幅」から水と食塩の比がわかるので，

③＝420（g）
①＝140（g）
④＝<u>560（g）</u>

【水の蒸発】　2％の食塩水480gから何gの水を蒸発させたら16％の食塩水になりますか。

作業しよう

手順①

0％　　2％　　16％　　△　480g　　g　　　g

① てんびんを書く。

問題文に出てくる濃度は「2％」「0％」「16％」なので，この数字を小さいほうから順に書く。

手順②

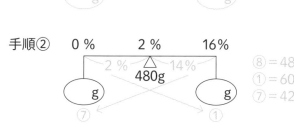

0％　　　2％　　　16％　　2％　△　14％　　480g　　g　　　　g　　⑦　①

⑧＝480（g）
①＝60（g）
⑦＝420（g）

420g

② 逆比を利用して水と食塩水の濃度を求める。

「濃度の幅」から比がわかるので，

⑦＋①＝480（g）
①＝60（g）
⑦＝<u>420（g）</u>

やってみよう！

4％の食塩水850gから何gの水を蒸発させたら10％の食塩水になりますか。

「食塩水（4％）」＝「水（0％）」＋「食塩水（10％）」だニャ。

[やってみよう！ 解答] 　0％　　4％　　10％　　4 △ 6　　850g　　g　　g　　③　②　　てんびん法を使って逆比に持ち込むと，③＋②＝850（g）より①＝170（g）。
よって，水は③＝<u>510（g）</u>。

(1) 濃度6％の食塩水200gと濃度4％の食塩水300gを混ぜると □ ％の食塩水になります。

（公文国際学園中等部　2022　B）

(1) てんびんを書きます。

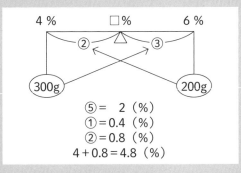

よって，□＝4.8（％）。

答え：　4.8

(2) 6％の食塩水が270gあります。これに，食塩を □ g溶かしたところ，15.4％の食塩水になりました。

（慶應義塾中等部　2022）

(2) てんびんを書きます。食塩だけの濃度は100％となります。

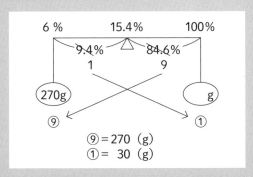

よって，□＝30（g）。

答え：　30

(3) 8％の食塩水Aが400gあります。5％の食塩水Bを食塩水Aに加え，よく混ぜると，7.5％の食塩水になりました。加えた食塩水Bは何gですか。

（渋谷教育学園渋谷中学校　2022　第1回）

(3) てんびんを書きます。

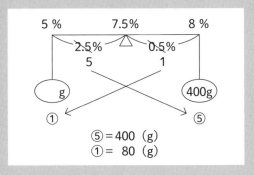

よって，80（g）。

答え：　80g

速さ

この単元のポイント

【速さ】

時速：1時間に進む距離

分速：1分間に進む距離

秒速：1秒間に進む距離

【速さの換算】

「1時間＝60分／1分間＝60秒」を利用する。

秒速⇔分速⇔時速 の換算

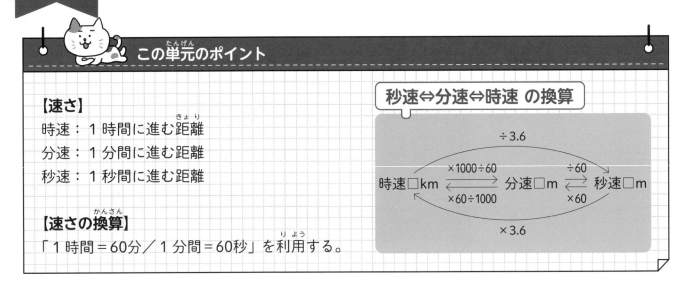

HOP

【速さ】　1分間に300m進む車Aと，1秒間に4m進む車Bはどちらが速いですか。

 今回から「速さ」を勉強するよ。「速さ」に出てくる重要な要素は「速さ（速度）」「距離」「時間」の3つ。これからは「速さ＝速度」という意味で使っていくね。

速度ってスピードのこと？

 そう。速度ってとても身近なものなの。たとえば，道路でこんな看板を見たことないかな？

見覚えがあるようなないような……。でも何のためにあるか考えたことないなぁ……。

 これは，道路を走る速度を制限しているの。左は「時速40km」まで，右は「時速80km」まではスピードを出していいよ，という標識（案内）なの。

時速って何？

「時速」とは，「1時間に進む距離」のこと。「速さ」には，次の3種類があるの。

> 時速：1時間に進む距離
> 分速：1分間に進む距離
> 秒速：1秒間に進む距離

そして，それぞれこんなふうに書き表すよ。

> 時速：1時間に10km進む場合 → 時速10km，毎時10km，10km/時
> 分速：1分間に10m進む場合 → 分速10m，毎分10m，10m/分
> 秒速：1秒間に10m進む場合 → 秒速10m，毎秒10m，10m/秒

> 時速はkm，分速と秒速はmとセットになることが多いニャン。

「時速10km（じそく10km）」，「毎時10km（まいじ10km）」，「10km/時（10kmパーじ）」はすべて同じ意味なの。先生は「10km/時」を使うことが多いかな。

問題文では，車Aは分で，車Bは秒で書かれているよ。

単位が違うと比べにくいから，分速か秒速かどちらかにそろえてみようか。
1分＝60秒だから……，

	〈分速にそろえる〉		〈秒速にそろえる〉	
	車A	車B	車A	車B
秒速		1秒間に4m	1秒間に5m	1秒間に4m
		↓×60	↑÷60	
分速	1分間に300m	1分間に240m	1分間に300m	

分速で比べても秒速で比べても車Aのほうが速いね。

そろえるときは，分速でも秒速でも，そろえやすいほうを選んでね。

【速さの換算】 □に入る数を求めなさい。
（1）秒速15m＝分速□m　　（2）分速360m＝秒速□m

作業しよう

（1）

手順① 15×60＝900
　　　　　□＝900

900

（2）

手順① 360÷60＝6
　　　　　□＝6

6

（1）

① 秒と分のイメージを持つ。

1分＝60秒なので，「秒×60＝分」になる。

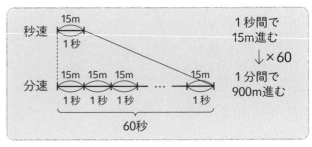

15×60＝900（m/分）。

（2）

① 秒と分のイメージを持つ。

1分＝60秒なので，「分÷60＝秒」になる。

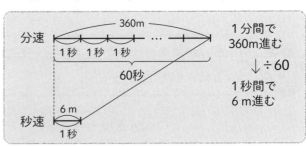

360÷60＝6（m/秒）。

やってみよう！

□に入る数を求めなさい。

（1）秒速50m＝分速□m　　（2）分速90m＝秒速□m

「1分＝60秒」を
手がかりにするニャ。

［やってみよう！ 解答］（1）秒速が60個集まると分速になるので，50×60＝300（m/分）。　（2）分速を60分割すると秒速になるので，90÷60＝1.5（m/秒）。

HOP

【速さの換算】 □に入る数を求めなさい。
(1) 時速27km＝分速□m＝秒速□m　　(2) 時速□km＝分速□m＝秒速20m

 今度は時速を考えてみよう。**時速は乗り物の速さを表すときによく使うから，mではなくkmで考えることが多いの。**だから，**分速や秒速に換算するときは距離の単位に気をつけよう**ね。27kmは何mかわかるかな？

27×1000＝27000（m）！

 つまり，1時間に27000m進むから，分速に直すと……，

> 1時間に27km進む
> 　　27000m
> 　　↓÷60
> 1分間に450m進む

なんだ，簡単じゃん。秒速は分速から直せばいいんだよね。

> 1分間に450m進む
> 　　↓÷60
> 1秒間に7.5m進む

だから，(1)は時速27km ＝分速450m ＝秒速7.5m だね。

 そういうこと。(2)は秒から順に考えていくと……，

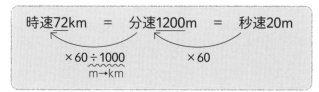
> 時速72km ＝ 分速1200m ＝ 秒速20m
> 　　×60÷1000　　　×60
> 　　m→km

 となるね。今までの換算をまとめてみると……，

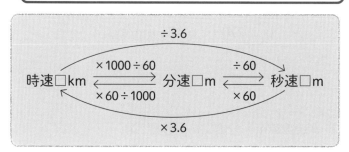
> ÷3.6
> ×1000÷60　　÷60
> 時速□km ⇄ 分速□m ⇄ 秒速□m
> ×60÷1000　　×60
> ×3.6

「÷3.6」「×3.6」って何!?

 時速から秒速にするときは「×1000÷60÷60→÷3.6」，逆に秒速から時速にするときは「×60×60÷1000→×3.6」になるの。時速と秒速の換算のときは「3.6」を使うとものすごく便利だよ♪

【速さの換算】□に入る数を求めなさい。
(1) 時速□km＝分速20m　　(2) 時速54km＝分速□m

 作業しよう

(1)

手順①　20 × 60 ÷ 1000 = 1.2

　　　　　　　　□ = 1.2

1.2

kmとmの換算は，
「分速→時速の場合は最後」
「時速→分速の場合は最初」
にすると楽です。

(2)

手順①　54 × 1000 ÷ 60 = 900

　　　　　　　　□ = 900

900

(1)

① 分速に「×60」をして時速にする。

　20 × 60 = 1200（m/時）

　次に「÷1000」をしてm→kmにする。

　1200 ÷ 1000 = 1.2（km/時）。

(2)

① 「×1000」をしてkm→mにする。

　54 × 1000 = 54000（m）

　次に「÷60」をして分速にする。

　54000 ÷ 60 = 900（m/分）。

【速さの換算】　□に入る数を求めなさい。
(1) 時速□km＝秒速10m　　(2) 時速270km＝秒速□m

 作業しよう

(1)

手順①　10 × 3.6 = 36

　　　　　　　　□ = 36

36

時速と秒速の換算は
「×3.6」「÷3.6」が
ダンゼン便利！

(2)

手順①　270 ÷ 3.6 = 75

　　　　　　　　□ = 75

75

(1)

① 秒速から時速にする場合は，進む距離が増えるので「×3.6」をする。

　10 × 3.6 = 36（km/時）。

(2)

① 時速から秒速にする場合は，進む距離が減るので「÷3.6」をする。

　270 ÷ 3.6 = 75（m/秒）。

やってみよう！

□に入る数を求めなさい。

(1) 時速□km ＝ 分速180m ＝ 秒速□m　　(2) 時速90km ＝ 分速□m ＝ 秒速□m

［やってみよう！　解答］(1)時速は 180 × 60 ÷ 1000 ＝ 10.8(km/時)，秒速は 180 ÷ 60 ＝ 3(m/秒)。
　　　　　　　　(2)分速は 90 × 1000 ÷ 60 ＝ 1500(m/分)，秒速は 90 ÷ 3.6 ＝ 25(m/秒)。

JUMP!

入試問題にチャレンジしてみよう!
(右側を隠して解いてみよう)

(1) 秒速25m＝分速□m

(オリジナル問題)

(1) 1分間に進む距離は,

$25 \times 60 = 1500$ （m）。

答え： __1500__

(2) 分速60m＝時速□km

(オリジナル問題)

(2) 1時間に進む距離は,

$60 \times 60 = 3600$ （m）

kmをmに直すと,

$3600 \div 1000 = 3.6$ （km）。

答え： __3.6__

(3) 時速45km＝秒速□mです。

(公文国際学園中等部　2022　B)

(3) 「時速÷3.6」で秒速が求まります。

$45 \div 3.6 = 12.5$ （m/秒）。

答え： __12.5__

(4) 分速450m＝時速□km

(金光大阪中学校　2022　1次A)

(4) 1時間に進む距離は,

$450 \times 60 = 27000$ （m）。

mをkmに直すと,

$27000 \div 1000 = 27$ （km）。

答え： __27__

24 速さの3公式 〜イメージとハゲじいさん〜

この単元のポイント

【「速さ／時間／距離」の求め方】
3公式の成り立ちを理解する。
単位をそろえて式を作る。
計算結果には必ず単位を書く。

3公式のまとめ！

距離＝速さ×時間
速さ＝距離÷時間
時間＝距離÷速さ

距離
（き）

速さ　　時間
（は）×（じ）

HOP

【速さを求める】　300mを2分間で進むときの速さを分速で求めなさい。

前回は，「速さ」について勉強したよね。ちょっとおさらいしてみよう。

時速：1時間に進む距離
分速：1分間に進む距離
秒速：1秒間に進む距離

分速は1分間に進む距離だから，300mを2分間で進むと，1分間に何m進むかな？

$300 \div 2 = 150$（m）！

そのとおり！　つまり，300mを2分間で進むと，分速150mになるの。
つまり「速さ」は，

速さ＝距離÷時間

で求められるね。そして，必ず単位をそろえよう。

単位をそろえるって？

距離と時間の単位をそろえる，つまり時速の場合は「時間とkm」，分速の場合は「分とm」，秒速の場合は「秒とm」で式を作るの。次ページでいろいろ見てみよう！

【速さを求める】　次の速さを求めなさい。
(1)　320kmを4時間で進むときの時速
(2)　80mを5分で進むときの分速
(3)　210mを3秒で進むときの秒速
(4)　2時間で108km進むときの秒速

✏ **作業しよう**

(1)
手順①　320÷4＝80（km/時）
80km/時

計算結果には
必ず「単位」を
書きましょう。

(2)
手順①　80÷5＝16（m/分）
16m/分

(3)
手順①　210÷3＝70（m/秒）
70m/秒

(4)
手順①　2×60×60＝7200（秒）

手順②　108×1000＝108000（m）

手順③　108000÷7200＝15（m/秒）
15m/秒

[別解]
手順①　108÷2＝54（km/時）

手順②　54÷3.6＝15（m/秒）
15m/秒

(1)
①　時速は1時間に進む距離（km）。
320÷4＝<u>80</u>（km/時）。

(2)
①　分速は1分間に進む距離（m）。
80÷5＝16 <u>（m/分）</u>。

(3)
①　秒速は1秒間に進む距離（m）。
210÷3＝<u>70</u>（m/秒）。

(4)　秒速は1秒間に進む距離（m）。
単位をそろえて式を作る。
①　「時間→秒」にする。
2（時間）×60＝120（分）　120（分）×60＝7200（秒）。
②　「km→m」に直す。
108（km）×1000＝108000（m）。
③　「速さ＝距離÷時間」なので，
108000÷7200＝<u>15</u>（m/秒）。
[別解] 時速を求めてから秒速にする。
①　時速を求める。
108÷2＝54（km/時）。
②　「時速」→「秒速」に直す。
54÷3.6＝<u>15</u>（m/秒）。

やってみよう！

(1)　3000mを1時間15分で進むときの分速を求めなさい。
(2)　90mを3秒で進むときの時速を求めなさい。

単位をそろえて
式にするニャ。

[やってみよう！　解答] (1) 1時間15分は75分なので，3000÷75＝<u>40</u>（m/分）。
(2) 秒速を出してから「×3.6」をするほうが楽。90÷3＝30（m/秒）　30×3.6＝<u>108</u>（km/時）。

【時間を求める】 毎分50mで800m進むと何分かかりますか。

毎分50mって，分速50m のことだよね？

そう，1分間に50m進むということだね。だから，800m進むということは……，

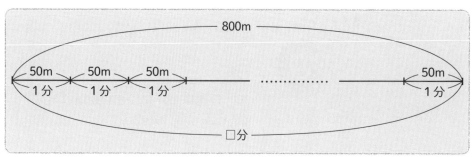

800m

50m 50m 50m ………… 50m
1分 1分 1分 1分

□分

じゃ，800÷50＝<u>16</u>（分）かかるってことだね！

そのとおり。つまり「時間」は

> 時間＝距離÷速さ

単位をそろえてから式を作って，計算結果には必ず単位を書こうね！

【時間を求める】 毎時90kmで18km進むと何分かかりますか。

📝 作業しよう

手順①　90×1000÷60
　　　＝1500（m/分）

手順②　18km→18×1000
　　　＝18000（m）

手順③　18000÷1500＝12（分）

「時速（時間とkm）」
「分速（分とm）」
「秒速（秒とm）」
のうち，どれが
ラクか考えるニャ。

12分

① 「分速（分とm）」で考える。
　「時速→分速」に直す。
　90×1000÷60＝1500（m/分）。

② 「km→m」に直す。
　18km→18×1000＝18000（m）

③ 「時間＝距離÷速さ」より，
　18000÷1500＝<u>12</u>（分）。

「時速（時間と
km）」で考えて，
最後に「時間→
分」に直す
解き方も。

やってみよう！

毎分30mで0.27km進むと何秒かかりますか。

［やってみよう！　解答］「秒速（秒とm）」で考えます。「分速→秒速」，「km→m」に直すと30÷60＝0.5（m/秒），0.27×1000＝270（m）。
　　　　　　　　　よって，270÷0.5＝<u>540</u>（秒）。
　　　　　［別解］「分速（分とm）」で考えて，最後に「分→秒」に直します。0.27km→270mなので，270÷30＝9（分）。9×60＝<u>540</u>（秒）。

HOP

【距離を求める】　毎分25mで30分進むと何m進みますか。

1分で25m だから，30分なら25×30＝<u>750</u>（m）でいいんだよね。

コツをつかんできたね！　毎分25mで30分進むということは……,

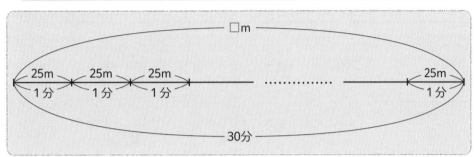

つまり「距離」は

距離＝速さ×時間

となるの。しつこく言うけれど，**単位をそろえてから式を作って，計算結果には必ず単位を書こう**ね。計算結果に単位を書くことで，自分が何を求めたのかが明確になるよ。

STEP

【距離を求める】　毎時75kmで 1 時間20分進むと何km進みますか。

 作業しよう

手順①　$20 \div 60 = \dfrac{1}{3}$（時間）

① 「時速（時間とkm）」で考える。

　20分を時間に直す。

　$20 \div 60 = \dfrac{1}{3}$（時間）なので，1 時間20分 → $1\dfrac{1}{3}$ 時間。

手順②　$75 \times 1\dfrac{1}{3}$（時間）＝100（km）

② 「距離＝速さ×時間」より，

　$75 \times 1\dfrac{1}{3}$（時間）＝<u>100（km）</u>。

100km

やってみよう！

毎秒4mで 3 時間進むと何km進みますか。

まず，何にそろえるか
考えるニャ。

［やってみよう！　解答］「秒速（秒とm）」で考えます。3 時間を秒に直すと 3×60×60＝10800（秒）なので，
4×10800＝43200（m）。これをkmに直すと，43200÷1000＝<u>43.2（km）</u>。
［別解］「時速（時間とkm）」で考えます。「秒速→時速」に直すと 4×3.6＝14.4（km/時）なので，
14.4×3＝<u>43.2（km）</u>。

【速さの3公式】 「速さ」「時間」「距離」を求める式をそれぞれ答えなさい。

「速さ」「時間」「距離」と一気に勉強したから，頭がパンクしそう……。

 それぞれイメージを持って解くのがベストなんだけど，わけがわからなくなったときの奥の手！ 「木の下のハゲじいさん」を紹介するね。

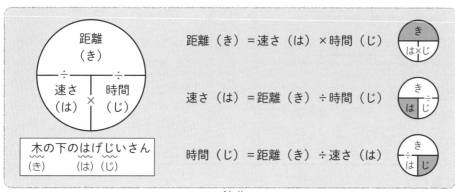

これ，すごく便利だ！ 「距離＝速さ×時間」「速さ＝距離÷時間」
「時間＝距離÷速さ」になるって，一目でわかるね。

 でも，これは最後の手段ね。できるだけこれに頼らず，解けるのが理想かな。

【速さの3公式】 家から学校まで1.5kmあります。いつもは毎分75mで歩きますが，今日は少し速く歩いたので，予定より5分早く着きました。今日は毎分何mで歩きましたか。

 作業しよう

手順① 1500÷75＝20（分）

手順② 20－5＝15（分）

手順③ 1500÷15＝100（m/分）

100m/分

① いつもかかる時間を求める。
「分速（分とm）」で考える。
1.5km→1.5×1000＝1500（m）
よって，1500÷75＝20（分）。

② 今日かかった時間を求める。
予定より5分早いので，
20－5＝15（分）。

③ 今日の速さを求める。
1500÷15＝100（m/分）。

やってみよう！

家から駅まで1800mあります。家と駅を往復するのに，行きは60m/分で歩き，帰りは120m/分で走りました。往復にかかった時間は何分ですか。

どの公式を使うか整理するニャ。

［やってみよう！ 解答］「時間＝距離÷速さ」より，行きは1800÷60＝30（分），帰りは1800÷120＝15（分）。よって，30＋15＝45（分）。

(1) 分速40mで6kmの道のりを歩くと□時間□分かかります。

（和洋国府台女子中学校　2022　第1回）

(1)「距離÷速さ＝時間」となります。

単位を分速（分とm）で考えると

6000÷40＝150（分）

150分＝2時間30分。

答え：　2，30

(2) 時速□kmの自動車は，20秒で300m進みます。

（関西大学北陽中学校　2022）

(2)「距離÷時間＝速さ」となります。

まずは単位を秒速（秒とm）で考えます。

300÷20＝15（m/秒）。

これを時速にすると，

15×3.6＝54（km/時）。

答え：　54

(3) 毎分800mで走る自動車が，240km進むのにかかる時間は何時間ですか。

（啓明学院中学校　2022　A）

(3)「距離÷速さ＝時間」となります。

まずは単位を分速（分とm）で考えます。

240000÷800＝300（分）

300分＝5時間。

答え：　5時間

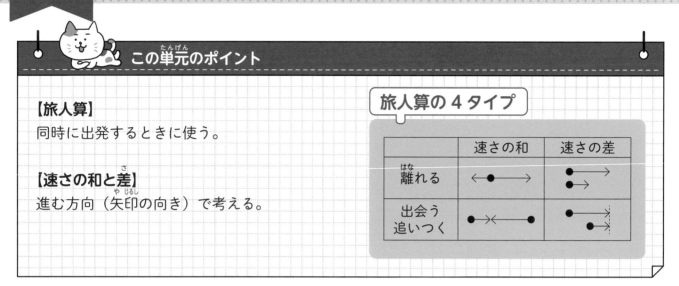

この単元のポイント

【旅人算】
同時に出発するときに使う。

【速さの和と差】
進む方向（矢印の向き）で考える。

旅人算の4タイプ

	速さの和	速さの差
離れる	←●→	●→ ●→
出会う 追いつく	●→ ←●	●→ ●→

HOP

【速さの和】　Aさんが80m/分で東へ，Bさんが60m/分で西へ，同じ場所から同時に出発しました。10分後に2人の間は何m離れていますか。

旅人算？　おもしろい名前だね。

今はあんまり"旅人"とか言わないもんね（笑）。
さて，旅人算には4つのタイプがあるの。

「速さの和」
タイプ❶　離れる（反対方向に進む）
タイプ❷　出会う（向き合って進む）

「速さの差」
タイプ❸　離れる（同じ方向に進む）
タイプ❹　追いつく（同じ方向に進む）

まず「速さの和」から見てみるね。Aさんが80m/分で東へ，Bさんが60m/分で西へ，つまり反対方向に出発します。

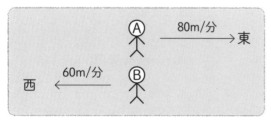

1分後，AさんとBさんの距離は何m離れたかを，図にしてみると…,

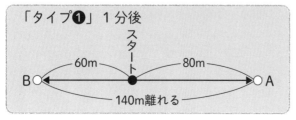

出発した時刻*…●
1分後　　　…○
*時刻については200ページ参照

そっか，1分間にAさんは80m，Bさんは60m進むから，
80＋60＝140（m）離れるってことだね。

そのとおり！　1分間に80＋60＝140（m）離れるということは，
2分なら（80＋60）×2＝280（m），10分なら（80＋60）×10＝<u>1400（m）</u>
離れることになるね。

HOP

【速さの和】　Aさんが80m/分で東へ，Bさんが60m/分で西へ，700m離れた場所から同時に向き合って出発しました。2人は何分後に出会いますか。

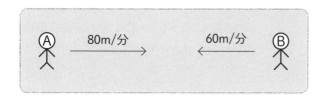

今度は<u>近づく</u>よね。

そう。これも1分後を図にしてみると……，

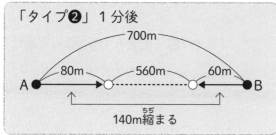

「タイプ❷」1分後

出発した時刻…●
1分後　　…○

1分間に80＋60＝140（m）縮まるから，2分なら（80＋60）×2＝280（m）
縮まるね。となると，2人は何分後に出会うかな？

700m離れていて，1分間に80＋60＝140（m）ずつ縮まるから，
700÷（80＋60）＝<u>5（分後）</u>だ！

大正解！　つまり，2人が「反対方向に進む」もしくは「向き合って進む」場合，2人の距離は「速さの和」ずつ離れたり縮んだりするの。これが旅人算「速さの和」の2つのタイプだよ。

STEP

【速さの和】 兄と弟が同時に駅を出発しました。兄は分速90mで東へ，弟は分速60mで西へ進むと，20分後に2人は何m離れますか。

😊 **作業しよう**

手順①

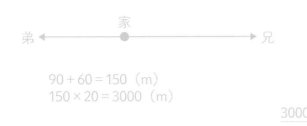

90＋60＝150（m）
150×20＝3000（m）

3000m

① 「タイプ❶ 離れる（反対方向に進む）」となる。

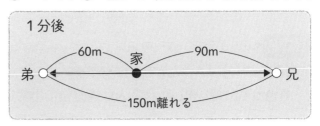

1分間に 90＋60＝150（m）離れるので，
20分後は 150×20＝3000（m）。

STEP

【速さの和】 家と駅は1800m離れています。姉が分速75mで家から，妹が分速45mで駅から同時に向き合って出発すると，何分後に出会いますか。

😊 **作業しよう**

手順①

75＋45＝120（m）
1800÷120＝15（分後）

15分後

① 「タイプ❷ 出会う（向き合って進む）」となる。

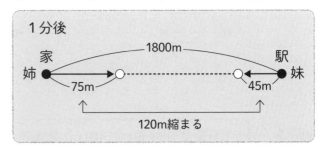

1分間に 75＋45＝120（m）縮まるので，
1800÷120＝15（分後）。

やってみよう！

(1) 車Aと車Bが同じ駐車場から同時に出発します。車Aが時速60kmで北へ，車Bが時速40kmで南へ進むと，1時間30分後に車Aと車Bは何km離れていますか。

(2) P地とQ地は5.1km離れています。P地から父が徒歩で，Q地から兄が自転車で同時に向き合って出発します。父は分速90m，兄の自転車は時速15kmのとき，父と兄は何分後に出会いますか。

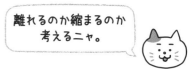

離れるのか縮まるのか
考えるニャ。

［やってみよう！ 解答］(1) 1時間30分は1.5時間。(60＋40)×1.5＝150（km）。
(2)距離をmに，時速を分速に直して式を作ります。5.1km＝5100m，時速15kmは 15×1000÷60＝250（m/分）なので，
5100÷(90＋250)＝15（分後）。

HOP

【速さの差】 Aさんが80m/分，Bさんが60m/分で，同じ場所から同じ方向へ同時に出発しました。10分後に2人の間は何m離れていますか。

この問題も，1分後にAさんとBさんの距離が何m離れたのか，図にしてみよう。

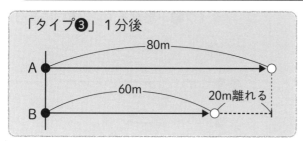

「タイプ❸」1分後

なるほど，こういうことか。1分間で2人は80−60＝20（m）離れるんだね。
じゃ，10分後は（80−60）×10＝<u>200（m）</u>離れるんだ！

HOP

【速さの差】 Aさんが80m/分，Bさんが60m/分で，700m離れた場所から同じ方向へ同時に出発しました。2人は何分後に出会いますか。

1分後に2人の距離は何m離れているかな？

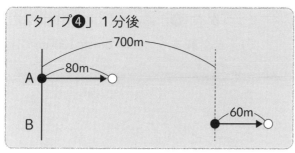

「タイプ❹」1分後

うーん……，全然わからない……。

実はこのタイプ❹が一番イメージがつかみにくいの。まず，
1分で何m縮まる（追いつく）かを考えてみよう。
1分間に，AさんはBさんに何m追いつくかな？

Aさんは80m進むけど，Bさんは60mしか進まないから80−60＝20（m）ってこと？

そのとおり！ 1分に20mずつ差を縮めるから，700m縮めるには……？

700÷20＝<u>35（分後）</u>だ！

カンペキ！ 2人が「同じ方向に進む」場合，2人の距離は「速さの差」ずつ離れたり縮んだりするの。これが旅人算「速さの差」の2つのタイプだよ。
旅人算は4タイプとも「同時出発」のときに始まることに注意しようね。

【速さの差】 兄が自転車で，弟が徒歩で同時に家を出て駅に向かいました。兄は分速250m，弟は分速100mで進むと，6分後に2人の距離は何m離れますか。

作業しよう

手順①

250 − 100 ＝ 150（m）
150 × 6 ＝ 900（m）

900m

① 「タイプ❸ 離れる（同じ方向に進む）」となる。

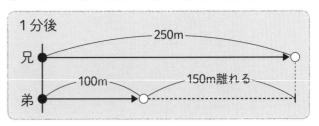

1分間に 250 − 100 ＝ 150(m) 離れるので，6分後は 150 × 6 ＝ 900（m）。

【速さの差】 姉が家を出て1km進んでから，妹が自転車で妹を追いかけました。姉が分速100m，妹が分速300mで進むと，妹は追いかけ始めてから何分後に姉に追いつきますか。

作業しよう

手順①

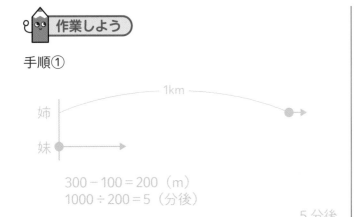

300 − 100 ＝ 200（m）
1000 ÷ 200 ＝ 5（分後）

5分後

① 「タイプ❹ 追いつく（同じ方向に進む）」となる。
分速で計算するので，1km ＝ 1000mに直す。

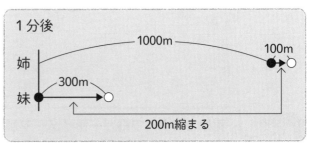

1分間に 300 − 100 ＝ 200（m）縮まるので，
1000 ÷ 200 ＝ 5（分後）。

やってみよう！

(1) 時速40kmのバスと，時速60kmのオートバイが駅から同じ方向へ同時に出発しました。バスとオートバイの距離が10km離れるのは何分後ですか。

(2) 1.2km先を歩いている父を，兄が自転車に乗って毎分350mで追いかけ，5分後に追いつきました。父の速さは分速何mですか。

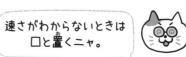

速さがわからないときは
□と置くニャ。

［やってみよう！ 解答］(1)10÷(60−40)＝0.5(時間)　0.5×60＝30(分後)。
(2)1.2km→1200m，父の速さを□m/分とすると 1200÷(350−□)＝5 より，□＝110(m/分)。

(1) 妹は毎分75mの速さで家を出発しました。その14分後に，姉は毎分96mの速さで家を出発し，妹を追いかけました。妹に追いつくのは，姉が出発してから何分後であるか答えなさい。

（自修館中等教育学校　2022　A－1）

(1) 先にいる妹を姉が追いかけるので「タイプ❹　追いつく」の旅人算となります。

姉が出発するまでに，妹は，

$75 \times 14 = 1050$（m）

進みます。

1050m先にいる妹を姉が追いかけるので，

$1050 \div (96 - 75) = 50$（分）。

答え：　50分後

(2) 805m離れたところにいる姉と妹が，向かい合って歩き始めました。姉の歩く速さは分速65m，妹の歩く速さは分速50mです。姉と妹が出会うのは歩き始めてから□分後です。

（カリタス女子中学校　2022　第1回）

(2) 離れた所から向き合って進むので「タイプ❷　出会う」の旅人算となります。

$805 \div (65 + 50) = 7$（分）。

答え：　7

(3) 分速96mで出発した兄を，弟が同じ場所から4分後に自転車で追いかけたら，その8分後に追いつきました。このとき，弟の自転車の速さは分速□mです。

（大妻中野中学校　2022　第1回）

(3) 先にいる兄を弟が追いかけるので「タイプ❹　追いつく」の旅人算となります。

弟が出発するまでに，兄は，

$96 \times 4 = 384$（m）

進みます。

384m先にいる兄を弟が追いかけるので，

$384 \div (□ - 96) = 8$（分）

$□ = 144$。

答え：　144

26 線分図の書き方〜「同時刻同マーク」をテッテイする〜

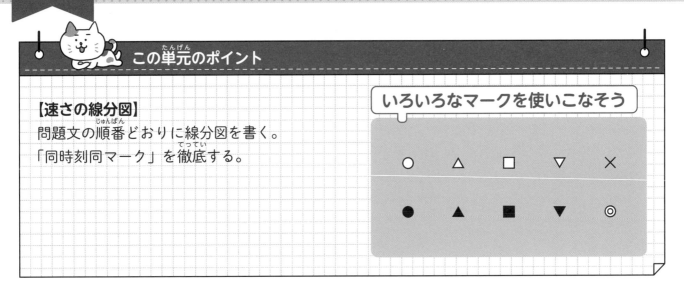

この単元のポイント

【速さの線分図】
問題文の順番どおりに線分図を書く。
「同時刻同マーク」を徹底する。

いろいろなマークを使いこなそう

○　△　□　▽　×

●　▲　■　▼　◎

HOP

【速さの線分図】　兄は家を出て，1340m離れた駅に向かって出発しました。弟は兄が家を出てから4分後に駅を出て家に向かいました。兄が75m/分，弟が55m/分で歩くとき，2人は兄が家を出てから何分後に出会いますか。

うわ！　なんだかややこしそうだなぁ。

速さの問題は，いろいろな条件が出てくるからね。そういうときは，情報を線分図で整理するの。ほら，売買損益のときも「原定売」の表に整理したでしょ。

うん，あれわかりやすかった。

速さは，横線を距離に見立てて，問題文の順番どおりに書き進めていくの。順に見ていこう。

「兄は家を出て，1340m離れた駅に向かって出発しました。」

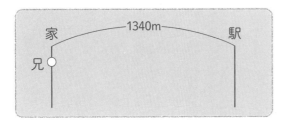

「弟は兄が家を出てから4分後に駅を出て家に向かいました。」

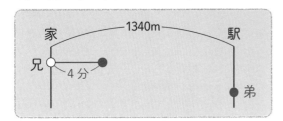

この〇とか●って何？

〇と●は同時刻同マークといって，同じ時刻を表すの。160ページでは出発した時刻を●，1分後を〇で表していたよね。兄と弟は違う時刻に出発したから，マークを変えて書いたの。これが実は，今後ものすごく重要になってくるよ。

「兄が75m/分，弟が55m/分で歩くとき，」

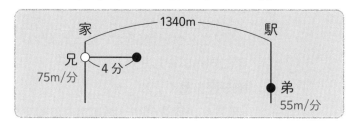

「2人は兄が家を出てから何分後に出会いますか。」

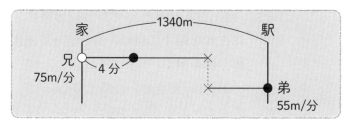

兄が家を出た時刻…〇
弟が家を出た時刻…●
2人が出会う時刻…×

これで線分図は完成！　あとは線分図を見ながらわかる情報を書き込もう。たとえば，兄が4分間で進んだ距離は 75×4＝300（m）とわかるから……，

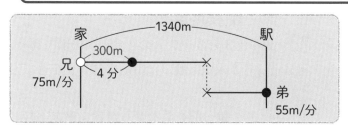

残りは 1340−300＝1040（m）になるね。
ここから旅人算スタート！

2人が出会うまでにかかる時間は 1040÷（75＋55）＝8（分）。
だから，兄が出発してからは 4＋8＝12（分後）に出会うんだね！

26

線分図の書き方

【速さの線分図】 花さんが分速65mで1620m離れた光さんの家に向かいました。花さんが家を出てから12分後に，光さんは花さんを迎えに自分の家を走って出ました。すると，光さんが家を出てから3分後に花さんと出会いました。光さんの走る速さは分速何mですか。

同時刻同マークの種類は何でもOKです。

 作業しよう

手順①

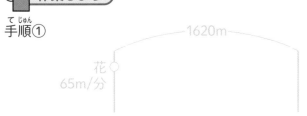

① 「花さんが分速65mで1620m離れた光さんの家に向かいました。」
　線分図を書く。
　「花さん→分速65m→1620m」の順で書く。
　花さんがスタートした時刻のマークを書く（○）。

手順②

② 「花さんが家を出てから12分後に，光さんは花さんを迎えに自分の家を走って出ました。」
　線分図を書く。
　「12分後→光さん」の順で書く。
　光さんがスタートした時刻のマークを書く（●）。
　花さんにも●を忘れずに。

手順③

③ 「すると，光さんが家を出てから3分後に花さんと出会いました。」
　線分図を書く。
　「3分後→2人の出会い」の順で書く。
　2人が出会った時刻のマークを書く（×）。

手順④

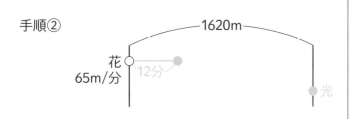

④ **線分図を見ながら情報を書き込む。**
　花さんが進んだ距離は，
　65×12＝780（m），65×3＝195（m）とわかる。

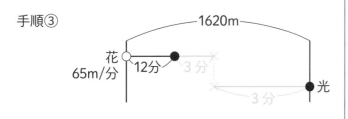

⑤ **光さんの速さを出す。**
　1620−（780＋195）＝645（m）
　を3分間で進むので，
　645÷3＝<u>215（m/分）</u>。

手順⑤　1620−（780＋195）＝645（m）
　　　　645÷3＝215（m/分）

　　　　　　　　　　　　　　　　215m/分

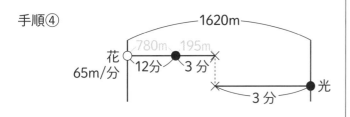

やってみよう！

海さんは分速85m，陸さんは分速70mで，同じ所から同じ方向に進みます。陸さんが歩き始めてから6分後に海さんも歩き始めました。海さんは何分で陸さんに追いつきますか。

［やってみよう！ 解答］　海 85m/分　陸 70m/分　420m 6分　　線分図を書く。陸さんが70×6＝420（m）進んでから海さんが追いかけるので，420÷（85−70）＝<u>28（分後）</u>。

HOP

【速さの線分図】 家とポストを，姉と妹が往復します。2人は家を同時に出発し，姉は分速180mで走り，妹は自転車に乗って分速240mで進みます。妹がポストで折り返してから3分後に2人は出会いました。この様子を線分図にしなさい。

この問題の線分図は，こんなふうになります。

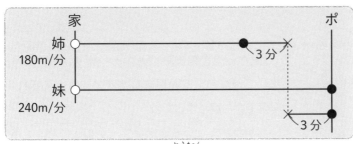

2人が出発した時刻 …○

妹がポストに着いた時刻…●
＝
妹が折り返した時刻

2人が出会った時刻 …×

そっか，ポストに到着した時刻と，ポストをスタートする時刻は同じなんだね。
折り返しはこんなふうに書くんだ。

そう。姉と妹が3分で進む距離もわかるから書き込んで，と……。
この図を使って，線分図の書き方の注意点を説明するね。

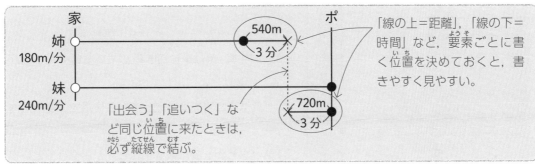

「線の上＝距離」，「線の下＝時間」など，要素ごとに書く位置を決めておくと，書きやすく見やすい。

「出会う」「追いつく」など同じ位置に来たときは，必ず縦線で結ぶ。

たしかに，今までの線分図は，全部「線の上＝距離」「線の下＝時間」になってる！

図を書くときは，「見やすく」「わかりやすく」仕上げるのがポイントなの。
こんなふうにならないように気をつけようね。

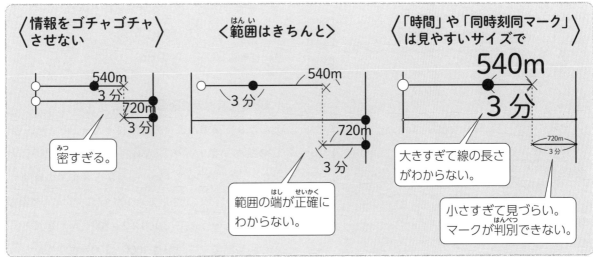

〈情報をゴチャゴチャ させない〉

密すぎる。

〈範囲はきちんと〉

範囲の端が正確にわからない。

〈「時間」や「同時刻同マーク」は見やすいサイズで〉

大きすぎて線の長さがわからない。

小さすぎて見づらい。マークが判別できない。

【速さの線分図】　家から図書館まで1000mあります。弟は10時に家を出て歩いて図書館に向かいましたが，12分後に忘れ物に気づき，早足で家に戻りました。兄も弟の忘れ物に気づき，10：15に走って弟を追いかけました。弟は忘れ物を受け取ってから早足で図書館に向かい，兄は家へ帰りました。弟の歩く速さは分速50m，早足の速さは分速80m，兄の走る速さは分速100mです。弟は何時何分に図書館に着きますか。

作業しよう

手順①

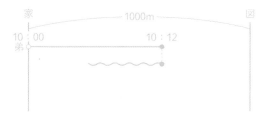

手順②

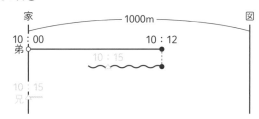

手順③

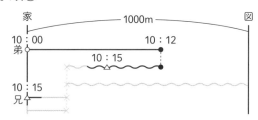

手順④

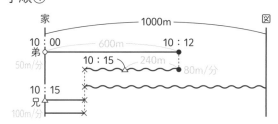

手順⑤

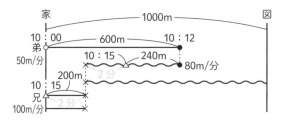

① 「家から図書館まで1000mあります。弟は10時に家を出て歩いて図書館に向かいましたが，12分後に忘れ物に気づき，早足で家に戻りました。」

時刻がわかっているときはマークの上に書く。途中で速さが変わる場合は，線の種類を変えるとわかりやすい。

> 歩く距離　──────
> 早足の距離 ～～～～～

弟の引き返す距離は短めに出しておく。

② 「兄も弟の忘れ物に気づき，10：15に走って弟を追いかけました。」

兄が家を出た時刻（△）を，弟にも書き加える。△は10：15なので，弟は家に引き返している最中だとわかる。兄の進んだ距離は短めに出しておく。

③ 「弟は忘れ物を受け取ってから早足で図書館に向かい，兄は家へ帰りました。」

「弟が忘れ物を受け取る＝弟と兄が出会う」ということ。弟と兄の進んだ距離を伸ばして出会わせ，出会った時刻（×）を書く。その後，弟は図書館に，兄は家に向かう。

④ 「弟の歩く速さは分速50m，早足の速さは分速80m，兄の走る速さは分速100mです。」

速さを書き込み，わかる情報を書き込む。

○──●は 50×12＝600（m）

△～～●は 80×3＝240（m）

⑤ 「弟は何時何分に図書館に着きますか。」

兄の△から弟の△までの距離は 600－240＝360（m）

この距離で弟と兄の旅人算（タイプ❷出会う）となるので，

360÷（80＋100）＝2（分）←△から×までの時間

弟は忘れ物を 10：15＋2（分）＝10：17 に受け取って図書館に向かう。

兄は弟と出会うまでに 100×2＝200（m）進んでいるので，×から図書館までの距離は 1000－200＝800（m）

弟は×から図書館まで 800÷80＝10（分）かかるので，図書館に着く時間は 10：17＋10（分）＝<u>10：27</u>。

家から駅までの道のりは800mです。すみれさんは駅に午前10時に着くように家を出ました。しかし、すみれさんは出発してから6分後に忘れ物に気づいたので、お母さんに連絡し届けてもらうことにし、すみれさんも家に引き返しました。その後、すみれさんはお母さんから忘れ物を受け取り、また駅へ向かいました。すみれさんの速さは分速50m、お母さんの速さは分速100mです。お母さんに連絡するのにかかる時間は考えないものとします。

(トキワ松学園中学校　2022　第1回)

(1) お母さんが家を出たとき、すみれさんは家から何mの地点にいましたか。

(2) すみれさんとお母さんが出会ったのは、すみれさんが家を出てから何分後ですか。

(3) すみれさんが駅に着いたのは何時何分ですか。

問題文に沿って線分図を書くと、次のようになります。

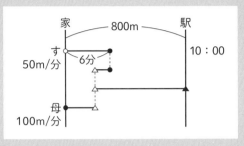

(1) お母さんが家を出たのは、すみれさんが家を出てから6分後なので、

$50 \times 6 = 300$（m）。

答え：　300m

(2) 300m離れた所から、お互い向かい合って進みます（タイプ❷　出会い）。かかる時間は、

$300 \div (50 + 100) = 2$（分）

すみれさんが家を出てからは、

$6 + 2 = 8$（分）。

答え：　8分後

(3) すみれさんが家を出た時間を求めます。

家から駅までは$800 \div 50 = 16$（分）かかるので

$10：00 - 16分 = 9：44$。

(1)(2)で求めた数字を線分図に書き込みます。また、2分ですみれさんとお母さんが進んだ距離も書き込みます。

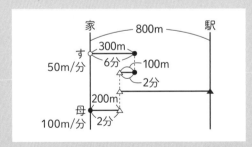

△—▲の距離は$800 - 200 = 600$（m）
　　　　　　家から駅　お母さんの進んだ距離

すみれさんは600m進むのに、

$600 \div 50 = 12$（分）かかります。

よって、すみれさんが駅に着いたのは、

$9：44 + 6分 + 2分 + 12分 = 10：04$。

答え：　10時4分

26

線分図の書き方

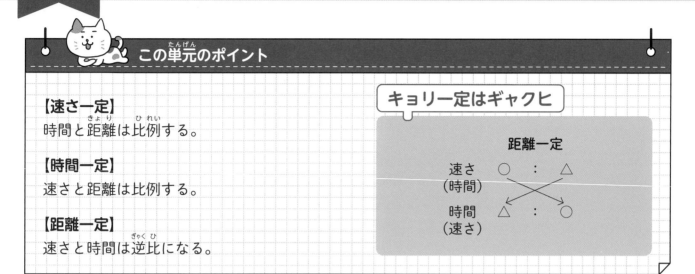

27 速さと比 〜速さの呪文「キョリ一定はギャクヒ」〜

この単元のポイント

【速さ一定】
時間と距離は比例する。

【時間一定】
速さと距離は比例する。

【距離一定】
速さと時間は逆比になる。

キョリ一定はギャクヒ

距離一定

| | 速さ（時間） | ○ : △ |
| 時間（速さ） | △ : ○ |

HOP

【速さ一定】 Aさんは分速50mで歩きます。5分歩く場合と10分歩く場合の，進む距離の比を求めなさい。

5分だと 50×5＝250（m），10分だと 50×10＝500（m）進むから，250：500＝1：2 ってことだよね。チョー簡単！ ……でも，なんでわざわざ比にするの？

 実は，速さの問題は「比」が使えると，とっても便利なの。この問題を比で整理してみるね。

時間	5分	10分
	1 : 2
距離	250m	500m
	1 : 2

時間も距離も，比は「1：2」で同じだね。

 そうなの。Aさんはずっと同じ速さで進んでいるでしょ？ これを「速さ一定」というの。「速さ一定」のときは，時間と距離の比が必ず同じになるよ。

ふーん。

 問題を読んで「速さ一定」だとわかったら，これからは必ず次のような図を書こう。

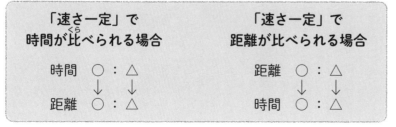

172

【時間一定】　Aさんは分速50m，Bさんは分速20mで歩きます。10分歩いたときの距離の比を求めなさい。

これも，Aさんは 50×10＝500（m），Bさんは 20×10＝200（m）だから，
500：200＝5：2 ってことだよね。
また何か比が隠れているの？

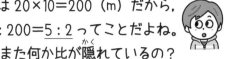

そのとおり！　なかなか鋭いね。
この問題も比で整理してみよう。

	Aさん		Bさん
速さ	50m/分		20m/分
	5	:	2
距離	500m		200m
	5	:	2

これも，速さと距離の比が「5：2」で同じになってる。

そうなの。2人の速さは違うけれど，同じ時間だけ進んでいるでしょ？
これを「時間一定」というの。
「時間一定」のときは，速さと距離の比が必ず同じになるよ。

「時間一定」で 速さが比べられる場合	「時間一定」で 距離が比べられる場合
速さ　○：△ ↓　↓ 距離　○：△	距離　○：△ ↓　↓ 速さ　○：△

ふーん……。
でも，これをどうやって使うか，イマイチまだよくわからないなぁ。

次のページで具体的に問題を解いていくから，
そこで考え方のコツをつかもうね！

【速さ一定】 ある速さで12km進むのに10分かかりました。同じ速さで18km進むのに何分かかりますか。

作業しよう

手順①

```
          速さ一定
距離  12km   18km
       2  :  3
```

手順②

```
          速さ一定
距離  12km   18km
       2  :  3
       ↓     ↓
時間   2  :  3
```

手順③

```
          速さ一定
距離  12km   18km
       2  :  3        ②＝10（分）
       ↓     ↓        ①＝5（分）
時間  ②  :  ③        ③＝15（分）
       ‖
      10分                      15分
```

① 「○○一定」と書き，その下に比べられる要素を書いて比にする。

　今回は「速さ」が一定で，「距離」を比べることができる。

② 残りの要素を書く。

「速さ／時間／距離」の3要素のうち，残りは「時間」。時間の比は距離と同じく 2：3 になる。

③ 比に○をつけて①解法に持ち込む。

　②＝10（分）なので，

　①＝5（分）。

18km進むのに③かかるので，

　③＝<u>15</u>（分）。

【時間一定】 駅とバス停は3.5km離れています。駅からバスが分速720mで，バス停から自転車が分速480mで同時に向き合って出発すると，バスと自転車は駅から何kmの所で出会いますか。

作業しよう

手順①

```
          時間一定
        バス    自転車
速さ  720m/分   480m/分
       3  :  2
```

手順②

```
          時間一定
        バス    自転車
速さ  720m/分   480m/分
       3  :  2
       ↓     ↓
距離   3  :  2
```

手順③

```
          時間一定
        バス      自転車
速さ  720m/分    480m/分
       3  :  2
       ↓     ↓
距離  ③  :  ②
       ⑤＝3.5（km）
       ①＝0.7（km）
       ③＝2.1（km）          2.1km
```

① 「○○一定」と書き，その下に比べられる要素を書いて比にする。

　今回は「時間」が一定（出発してから出会うまでの時間は同じ）で，「速さ」を比べることができる。

② 残りの要素である「距離」を書く。

　距離の比は速さと同じく 3：2 になる。

③ 比に○をつけて①解法に持ち込む。

　バスと自転車で合わせて3.5km進むので，

　⑤＝3.5（km）

　①＝0.7（km）

駅からバスが進んだ距離なので，

　③＝<u>2.1</u>（km）。

やってみよう！

姉は分速45m，妹は分速30mの速さで歩きます。妹が400m進む間に，姉は何m進みますか。

[やってみよう！ 解答]「時間一定」です。

```
                  時間一定
                姉      妹
        速さ  45m/分   30m/分   ②＝400(m)
               3  :  2          ①＝200(m)
        距離  ③  :  ②          ③＝600(m)
                    ‖
                   400m
```

174

HOP

【距離一定】 Aさんは分速50m，Bさんは分速20mで歩きます。1000m歩くときにかかる時間の比を求めなさい。

Aさんは 1000÷50＝20（分），Bさんは 1000÷20＝50（分）だから，20：50＝<u>2：5</u>だね。今度は自分で整理してみるね！

	Aさん	Bさん
速さ	50m/分	20m/分
	5 ：	2
時間	20分	50分
	2 ：	5

あれ？　今までと何か違う……。

よく気がついたね！　さて，今回は「何一定」がわかるかな？

速さは50m/分と20m/分で違うし，かかる時間も20分と50分で違うから……，あ，そうか！　2人とも1000m歩くわけだから，「距離一定」だ！

すばらしい！　この「距離一定」のときだけ，速さと時間の比が逆比（ぎゃくひ）になるの。

「距離一定」で 速さが比べられる場合	「距離一定」で 時間が比べられる場合
速さ ○：△	時間 ○：△
時間 △：○	速さ △：○

へー……。急に今までと違うのが出てきて，ちょっと不安（ふあん）になってきた……。

じゃ，改（あらた）めて3つを整理してみるね。

	「速さ一定」		「時間一定」		「距離一定」
時間（距離）	○：△	速さ（距離）	○：△	速さ（時間）	○：△
距離（時間）	○：△	距離（速さ）	○：△	時間（速さ）	△：○

ここで"最強（さいきょう）の呪文（じゅもん）"——「キョリイッテイハギャクヒ！（距離一定は逆比！）」これだけ覚（おぼ）えればOK!!

え？　これだけ？？

だって，「速さ一定」と「時間一定」は比が同じでしょ。だから「距離一定だけ逆比」って覚えておけばいいじゃない♪

へ～！　先生，いいこと言うね!!

【距離一定】 家から学校まで，姉は15分，妹は18分かかります。妹の歩く速さが分速60mのとき，姉の歩く速さを求めなさい。

「距離」と毎回漢字で書くのは面倒なので，「きょり」「キョリ」などでもOK。

作業しよう

手順①
```
        距離一定
      姉    妹
時間  15分  18分
       5 :  6
```

① 「〇〇一定」と書き，その下に比べられる要素を書いて比にする。

今回は「距離」が一定で，「時間」を比べることができる。

手順②
```
        距離一定
      姉    妹
時間  15分  18分
       5 :  6
          ╳
速さ   6 :  5
```

② 残りの要素を書く。

「速さ/時間/距離」の3要素のうち，残りは「速さ」。速さの比は時間と逆比で6：5になる。

手順③
```
        距離一定
      姉    妹
時間  15分  18分
       5 :  6       ⑤＝60 （m/分）
          ╳         ①＝12 （m/分）
速さ  ⑥ :  ⑤       ⑥＝72 （m/分）
          ‖
       60m/分
```

③ 比に〇をつけて①解法に持ち込む。

⑤＝60（m/分）なので，

①＝12（m/分）。

姉の速さは⑥なので，

⑥＝<u>72（m/分）</u>。

72m/分

やってみよう！

家と公園を往復するのに，行きは分速90mで，帰りは分速72mで歩いたところ，往復に36分かかりました。家と公園は何m離れていますか。

「距離一定は逆比」を忘れニャいように！

[やってみよう！ 解答]「距離一定」です。
```
                        距離一定
                  行き    帰り
          速さ  90m/分  72m/分    ⑨＝36（分）
                  5  :  4         ①＝4 （分）
                     ╳            ④＝16（分）
          時間  ④  :  ⑤
                  ‖
                 ⑨＝36分
```
行きにかかる時間が16分とわかるので，家から公園までは 90×16＝<u>1440（m）</u>。
帰りにかかる時間は⑤＝20（分）なので，72×20＝<u>1440（m）</u>と求めることもできます。

176

入試問題にチャレンジしてみよう!
(右側を隠して解いてみよう)

(1) 家から公園まで往復するのに行きは時速7.2kmで走り，帰りは時速4.8kmで歩くと全部で24分かかりました。家から公園までの道のりは何mですか。

（藤嶺学園藤沢中学校　2022　第1回）

(1) 家から公園までの距離は，行きも帰りも変わらないので，「距離一定」を使います。

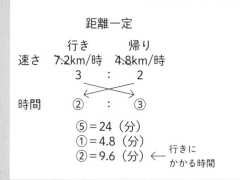

単位を分とmに統一します。

時速7.2kmを分速に直すと，

$7.2 \times 1000 \div 60 = 120$（m/分）。

よって，家から公園までの道のりは，

$120 \times 9.6 = 1152$（m）。

答え：　1152m

(2) 家から　　　　mはなれた学校へ向かいます。毎分90mの速さで走ると，毎分60mの速さで歩くときよりも10分早く着きます。

（帝塚山学院中学校　2022　1次A）

(2) 家から学校までの「距離一定」を使います。

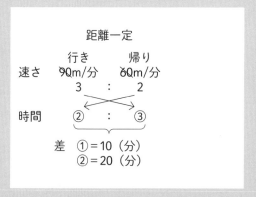

$90 \times 20 = 1800$（m）。

答え：　1800

この単元のポイント

【速さの文章題】
線分図を正確に書く。
「旅人算」や「比」を利用して解く。

【平均の速さ】
「全体の距離÷全体の時間」で求める。

「速さ」と「平均の速さ」の関係

速さ ＝ 距離÷ 時間

平均の速さ＝全体の距離÷全体の時間

HOP

【速さの文章題】 駅からAさんとBさんが，公園からCさんが同時に向かい合って出発しました。AさんとCさんが出会ってから1時間後にBさんとCさんが出会いました。Aさんが時速6km，Bさんが時速4km，Cさんが時速5kmで進むとき，駅と公園の距離を求めなさい。

話が長くて線分図の書きがいがあるなぁ。とりあえず書いてみるね！

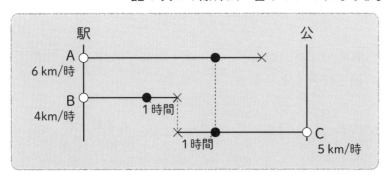

 上手に書けたね！　あとは線分図を見ながらわかる情報を書き込もう。どこがわかるかな？

ＢとＣが1時間に進んだ距離がわかるね。

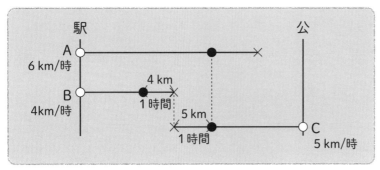

 さぁ，ここからどうやって解こうか。

う〜ん……。

もう旅人算も比も勉強したから，何を使ってもいいんだよ。というわけで，まず旅人算で解いてみるね。AさんとBさんの〇から●の距離に注目してみると……，

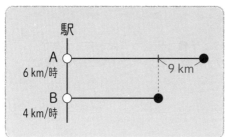

これって，163ページの「タイプ❸」だね。ということは，1時間で2人の距離が2km ずつ離れるから，9km 離れるまでに 9÷2＝4.5（時間）かかるってことかな。

そのとおり！　この4.5時間を線分図に書き込むと……，

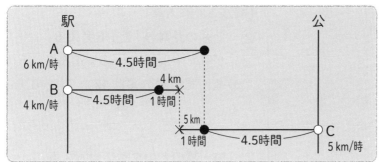

Aさんと C さんが出会うまでに4.5時間だから，
159ページの「タイプ❷」を使うと (6＋5)×4.5＝49.5（km）だね！

よくできたね。次は比を使って解いてみよう。〇から●までは「時間一定」だから，

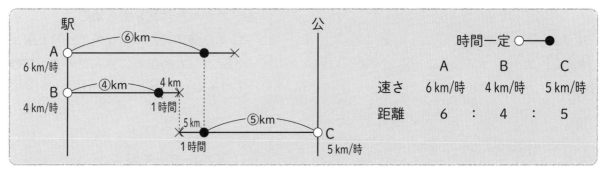

AさんとBさんの差が②＝9（km）だから①＝4.5（km）。
駅から公園は⑪だから⑪＝49.5（km）と求められるね。

【速さの文章題】 兄は分速70mで家から，弟は分速50mでコンビニから同時に向かい合って進みます。家とコンビニの中間地点にはポストがあり，2人はポストから120mコンビニ寄りの場所で出会いました。家からコンビニの距離を求めなさい。

「速さの和」 タイプ❶ 離れる（反対方向に進む）／タイプ❷ 出会う（向き合って進む）
「速さの差」 タイプ❸ 離れる（同じ方向に進む）／タイプ❹ 追いつく（同じ方向に進む）

作業しよう

手順①

[解法1 旅人算]

手順② $120 \times 2 = 240$（m）

手順③ $240 \div (70 - 50) = 12$（分）

手順④

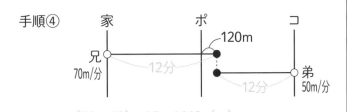

$(70 + 50) \times 12 = 1440$（m）

[解法2 比]

手順②

手順③

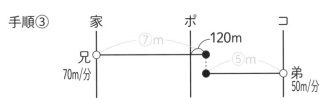

手順④

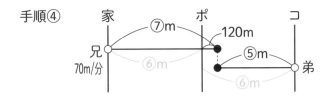

① 線分図を書く。

[解法1 旅人算]
② 2人の距離の「差」を考える。

兄が真ん中より120m多く進んでいるので，2人の進んだ距離の差は $120 \times 2 = 240$（m）とわかる。

③ 旅人算のどのタイプか考える。

同時に出発して，2人の距離の差が240mになったので，タイプ❸だとわかる。
240m離れるまでにかかる時間は，
$240 \div (70 - 50) = 12$（分）。

④ わかった情報を書き込む。

○から●までが12分なので，兄と弟が12分後に出会ったとわかる。旅人算のタイプ❷より，
$(70 + 50) \times 12 = \underline{1440}$（m）。

[解法2 比]
② 「○○一定」を探す。

○から●までより，「時間一定」とわかる。

③ 比を線分図に書き込む。

④ ポストが中間地点にあるので，
①＝120（m）とわかる。家からコンビニは，
⑫＝$\underline{1440}$（m）。

HOP

【平均の速さ】 家から塾まで片道900mの距離を，行きは分速60m，帰りは分速90mで往復しました。このときの平均の速さを求めなさい。

こんなの簡単じゃん。(60＋90)÷2＝75（m/分）でしょ。

ざんねーん！　もしそこまで簡単だったら，わざわざ扱わないよ（笑）。

確かに……。じゃ，どうやって求めるの？

「平均の速さ」と言われたら，全体の距離を進むのにどれだけ時間がかかったか，を考えるの。速さって「距離÷時間」で求めるでしょ？

うん。

だから，単なる距離と時間じゃなくて，「全体の距離」と「全体の時間」で考えるの。

速さ ＝ 　　　距離÷　　　時間
平均の速さ＝全体の距離÷全体の時間

そういうことか。じゃ，往復した距離は 900×2＝1800（m）だよね。
あれ？　でも全体の時間って……。

時間は自分で求めないとね。
行きは 900÷60＝15（分），帰りは 900÷90＝10（分）かかるよ。

じゃ，平均の速さは 1800÷(15＋10)＝<u>72（m/分）</u>ってことだね！

そのとおり。平均の速さは，「単なる平均」じゃなくて「速さの公式を利用する」と覚えておこうね。

【平均の速さ】 15km離れたA町とB町を往復するのに，行きは 2 時間30分，帰りは 3 時間30分
かかりました。往復の平均の速さを求めなさい。

 作業しよう

手順①

$15 \times 2 = 30$
$2.5 + 3.5 = 6$
$30 \div 6 = 5$

5 km/時

① 公式を利用する。

「平均の速さ＝全体の距離÷全体の時間」なので，
「全体の距離」と「全体の時間」を求める。

全体の距離　$15 \times 2 = 30$（km）
全体の時間　$2.5 + 3.5 = 6$（時間）
よって，平均の速さは $30 \div 6 = \underline{5}$（km/時）。

【平均の速さ】 1kmを，はじめの600mは分速300mで，残りの400mは分速200mで走りました。
平均の速さを求めなさい。

 作業しよう

手順①　$600 \div 300 = 2$（分）
　　　　$400 \div 200 = 2$（分）

① 時間を求める。
　初めの600mは $600 \div 300 = 2$（分），
　残りの400mは $400 \div 200 = 2$（分）。

手順②　$1000 \div (2 + 2) = 250$（m/分）

250m/分

② 平均の速さを求める。
　全部で 1km＝1000m なので，
　$1000 \div (2 + 2) = \underline{250}$（m/分）。

やってみよう！

A町からB町まで15kmあります。行きは時速30km，帰りは時速20kmで往復したときの平均の速さを求
めなさい。

常に全体で考えるニャ。

［やってみよう！ 解答］行きにかかる時間は $15 \div 30 = \dfrac{1}{2}$（時間），帰りにかかる時間は $15 \div 20 = \dfrac{3}{4}$（時間）。

よって，$(15 \times 2) \div \left(\dfrac{1}{2} + \dfrac{3}{4}\right) = 30 \div \dfrac{5}{4} = \underline{24}$(km/時)。

入試問題にチャレンジしてみよう！
（右側を隠して解いてみよう）

(1) Aさんは，待ち合わせの時刻ちょうどに着く予定で，自転車に乗って毎時10kmの速さで家を出発しました。しかし，忘れ物に気づき，いったん家に戻りました。再び家を出発したのは最初に出発した時刻より5分遅れになってしまったため，毎時12kmの速さで向かったところ，待ち合わせ時刻ちょうどに着きました。Aさんは，最初に家を出てから待ち合わせ場所に着くまで＿＿＿＿分かかりました。

（法政大学中学校　2022　第1回）

(2) 地点Aと120kmはなれた地点Bの間を車で往復しました。行きは時速60km，帰りは時速40kmで走りました。往復の平均の速さを答えなさい。

（南山中学校女子部　2022）

---

(1) 問題文に沿って線分図を書くと，次のようになります。速さが変わる場合は，線分図の線を破線や二重線などにすると，違いがわかりやすくなります。

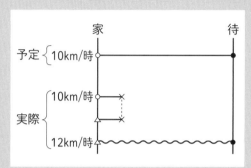

家から待ち合わせ場所までの「距離一定」を使います。

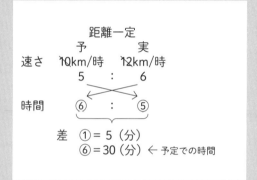

「予定通りに進む場合」と「忘れ物に気づいて家に戻る場合」は，どちらもかかる時間は同じ（○━●）なので，□＝30（分）。

答え：　　30

(2) 行きにかかる時間は120÷60＝2（時間）
帰りにかかる時間は120÷40＝3（時間）
なので，往復の平均の速さは，

120×2÷(2＋3)＝48（km/時）。
全体の　　　全体に
距離　　　　かかる時間

答え：48km/時

28
速さの文章題

通過算 ～列車の先頭に注目！～

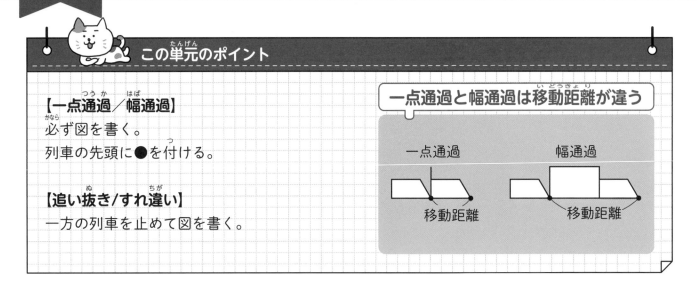

この単元のポイント

【一点通過／幅通過】
必ず図を書く。
列車の先頭に●を付ける。

【追い抜き/すれ違い】
一方の列車を止めて図を書く。

一点通過と幅通過は移動距離が違う

一点通過　　　　　幅通過

移動距離　　　　　移動距離

HOP

【一点通過】　長さ120m，秒速20mの列車が，電柱を通過するのに何秒かかりますか。

 通過算は「幅のあるものが動く速さ」を扱う単元なの。たとえば列車。
列車って長いから，自分の目の前を通り過ぎるのに時間がかかるじゃない？

うん。

 列車が通り過ぎる様子を，こんな図で書くの。**列車の先頭には必ず印（●）を付けよう。**

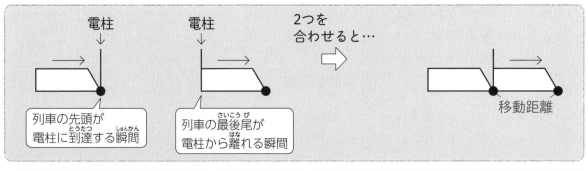

電柱　　　　　　電柱　　　　2つを
　↓　　　　　　　↓　　　　　合わせると…

列車の先頭が
電柱に到達する瞬間

列車の最後尾が
電柱から離れる瞬間

移動距離

 実は，**先頭に付けた●から●までが，列車の移動距離**なの。ここに長さや速さも書き込むね。

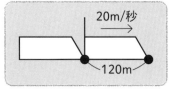

20m/秒

120m

じゃあ，秒速20mで120m進んだってこと？

 そのとおり！　だから，この列車が電柱を通過するのに
120÷20＝6（秒）かかったとわかるね。

【幅通過】 長さ120m，秒速20mの列車が，長さ400mの鉄橋を通過するのに何秒かかりますか。

電柱や人は，列車の長さと比べるとすごく幅が狭いから「棒」で書くけど，「鉄橋」や「トンネル」のように幅があるときは，こんなふうに書くと列車と区別をつけやすいよ。

鉄橋やトンネル

でも，気をつけたいのは列車の位置。問題文の表現に気をつけよう。

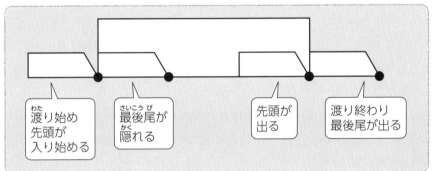

渡り始め
先頭が
入り始める

最後尾が
隠れる

先頭が
出る

渡り終わり
最後尾が出る

通過ってどうなるの？

通過は「渡り始め」と「渡り終わり」の図になるの。長さと速さも書き込むね。

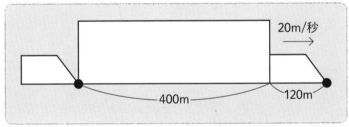

20m/秒

400m

120m

●から●までが移動距離だから，400＋120＝520（m）ってことだよね。

だから（400＋120）÷20＝<u>26（秒）</u>になるんだ！

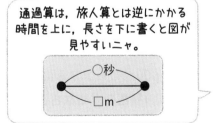

通過算は，旅人算とは逆にかかる
時間を上に，長さを下に書くと図が
見やすいニャ。

○秒

□m

STEP

【一点通過】 時速54kmの列車が電柱を通り過ぎるのに12秒かかりました。この列車の長さは何mですか。

作業しよう

手順①

54km/時
12秒

① 図を書く。

手順② 54÷3.6＝15 （m/秒）

② 単位をそろえる。
時速を秒速にすると 54÷3.6＝15 （m/秒）。

手順③ 15×12＝180 （m）
180m

③ 長さを求める。
「長さ（距離）＝速さ×時間」なので，
15×12＝<u>180</u> （m）。

STEP

【幅通過】 長さ200mの列車が長さ800mのトンネルに入り始めてから出終わるまでに25秒かかりました。この列車の時速を求めなさい。

作業しよう

手順①
25秒
800m   200m

① 図を書く。
列車の位置に注意する。

手順② （800＋200）÷25＝40 （m/秒）

② 25秒で 800＋200＝1000 （m） で進むので，
1000÷25＝40 （m/秒）。

手順③ 40×3.6＝144 （km/時）
144km/時

③ 秒速を時速に直す。
40×3.6＝<u>144</u> （km/時）。

やってみよう！

時速54kmの列車が600mのトンネルに入りました。列車がトンネルに隠れて完全に見えなかったのが24秒のとき，この列車の長さを求めなさい。

列車の位置を正確に書くニャ。

［やってみよう！ 解答］トンネルに隠れて完全に見えない状態の図を書きます。
54÷3.6＝15(m/秒)
●から●までは 15×24＝360(m) とわかるので，
列車の長さは 600－360＝<u>240</u>(m)。

24秒
600m

【追い抜き／すれ違い】 長さ120mで秒速25mの列車Aが，長さ80mで秒速15mの列車Bを追い抜くのに何秒かかりますか。また，列車Aと列車Bがすれ違うのに何秒かかりますか。

 幅のあるものどうしが動いている場合は，遅い<ruby>遅<rt>おそ</rt></ruby>ほう（列車B）を止めて，速いほう（列車A）だけ動かした図を書くよ。●は動くほうの先頭に付けようね。

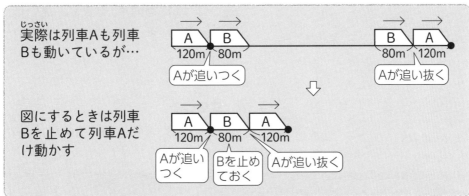

実際<ruby>実際<rt>じっさい</rt></ruby>は列車Aも列車Bも動いているが…

図にするときは列車Bを止めて列車Aだけ動かす

 遅いほうを止めたときに，列車の速さはどうなるかというと……

列車A　25m/秒　　$\xrightarrow{-15\text{m/秒}}$　10m/秒
列車B　15m/秒　　$\xrightarrow{-15\text{m/秒}}$　0 m/秒
　　　　　　　　　　　　　　止める

 たとえば列車Aに乗っているとき，外の景色<ruby>景色<rt>けしき</rt></ruby>は秒速25mで流れていくけど，追い抜くときは列車Bがゆっくり見えるでしょ？

たしかに！　逆に，すれ違うときはビュンッて一瞬<ruby>一瞬<rt>いっしゅん</rt></ruby>だよね。

 そうそう！　つまり列車Aに乗っていたら，列車Bを追い抜くときは 25−15＝10（m/秒），逆にすれ違うときは 25＋15＝40（m/秒）で進むように見えるということなの。これを相対速度っていうよ。

列車に乗ると，追い抜くときにゆっくり，すれ違うときにビュンッてなる謎<ruby>謎<rt>なぞ</rt></ruby>が解<ruby>解<rt>と</rt></ruby>けたよ！

 よかった（笑<ruby>笑<rt>わらい</rt></ruby>）。改<ruby>改<rt>あらた</rt></ruby>めて，図の書き方をまとめるね。

じゃ，それぞれにかかる時間は，追い抜き （80＋120）÷（25−15）＝20（秒），
すれ違い （80＋120）÷（25＋15）＝5（秒） だね。

 よくできました🌸

【追い抜き】 長さ200m，秒速40mの特急列車が，長さ150m，秒速15mの貨物列車を追い抜くのに何秒かかりますか。

作業しよう

手順①

① 図を書く。

遅いほう（貨物列車）を止め，速いほう（特急列車）のみ動かす。動かすほうの先頭に●を付ける。

手順② （150＋200）÷（40－15）＝14（秒）

14秒

② 式を作る。

（150＋200）÷（40－15）＝14（秒）。

【すれ違い】 長さ240m，時速108kmの急行列車と，長さ160m，時速72kmの普通列車がすれ違うのに何秒かかりますか。

作業しよう

手順① 108÷3.6＝30（m/秒）
72÷3.6＝20（m/秒）

① 時速を秒速に直す。

急行列車 108÷3.6＝30（m/秒）
普通列車 72÷3.6＝20（m/秒）

手順②

② 図を書く。

一方（普通列車）を止め，もう一方（急行列車）のみ動かす。動かすほうの先頭に●を付ける。

手順③ （160＋240）÷（30＋20）＝8（秒）

8秒

③ 式を作る。

（160＋240）÷（30＋20）＝8（秒）。

やってみよう！

（1）長さ72mの列車Aが，長さ90mで秒速12mの列車Bを追い抜くのに27秒かかりました。列車Aの速さは秒速何mですか。

（2）長さ180m，時速108kmの列車Aと，長さ90mの列車Bがすれ違うのに6秒かかりました。列車Bの速さは時速何kmですか。

［やってみよう！ 解答］どちらも図を書いて考えます。
(1)列車Aの速さを□m/秒とすると，(90＋72)÷(□－12)＝27 より，□＝18(m/秒)。
(2)秒速で計算して最後に時速に直します。
108÷3.6＝30(m/秒) 列車Bの速さを□m/秒とすると，
(90＋180)÷(30＋□)＝6 より，□＝15(m/秒)。これを時速にすると，15×3.6＝54(km/時)。

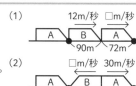

(1) 一定の速さで走る長さ120mの列車が，ふみきりに立っている人の前を8秒で通過しました。このときの列車の速さは時速何kmですか。

(ノートルダム清心中学校　2022)

(1) 図を書いて考えます。列車の先頭に必ず●を付けます。

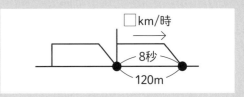

120÷8＝15（m/秒）

15×3.6＝54（km/時）。

答え：時速54km

(2) 長さ□□□□mの秒速20mで走る電車があります。長さ1260mの鉄橋を渡り始めてから渡り終わるまでに69秒かかりました。

(学習院中等科　2022　第1回)

(2) 図を書いて考えます。

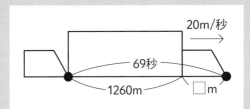

●から●までは，20×69＝1380（m）

電車の長さは，1380－1260＝120（m）。

答え：　120

(3) 長さ200m，秒速35mの急行列車と，長さ220m，秒速25mの普通列車が反対方向からすれ違いました。急行列車と普通列車が出会ってからはなれるまでに何秒かかりますか。

(湘南学園中学校　2022　B)

(3) すれ違いの場合は，一方の動きを止めて図を書きます。動かすほうの先頭に必ず●を付けます。

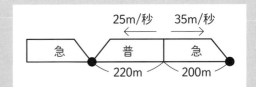

(220＋200)÷(25＋35)＝7（秒）。

答え：　7秒

29 通過算

30 流水算 〜「ゲセイジョウ」ですべてがスッキリ〜

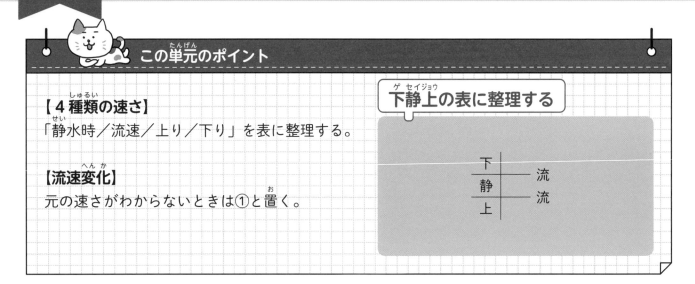
HOP

【4種類の速さ】 静かな湖面を時速15kmで進む船が，川を往復します。川の長さが72kmで，川の流れの速さが時速3kmのとき，川を往復するのに何時間かかりますか。

 流れるプールで泳いだこと，ある？

小さい頃にあるよ。浮き輪で浮いてるだけで，どんどん進んで楽しかった♪

 それそれ！ 流れに乗ると速いけど，流れに逆らうと泳ぎにくいでしょ？これが流水算なの。流水算には4種類の速さが出てくるよ。

> 静水時の速さ：動いていない水面を進む船の速さ
> 流　速：川の流れる速さ
> 上りの速さ：船が川を上るときの速さ
> 下りの速さ：船が川を下るときの速さ

 ……と言われてもよくわからないよね（笑）。具体的な数字と図で，一緒に見てみよう。→がそれぞれの速さだよ。

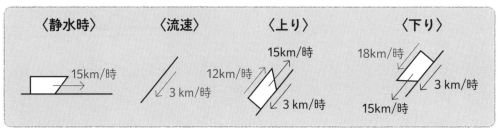

〈静水時〉 15km/時
〈流速〉 3km/時
〈上り〉 15km/時 12km/時 3km/時
〈下り〉 18km/時 3km/時 15km/時

 船が上るときは川の流れにジャマされるけど，下るときは川が後押ししてくれるよね。

だから，上りの速さは 15−3＝12（km/時），下りの速さは 15＋3＝18（km/時）になるんだ。

……てことは，上りは 72÷12＝6（時間），下りは 72÷18＝4（時間）かかるから，往復するのに 6＋4＝10（時間）かかるってことかな。

 そのとおり！　ここで，この 4 種類の速さの関係(かんけい)を線分図にしてみるね。

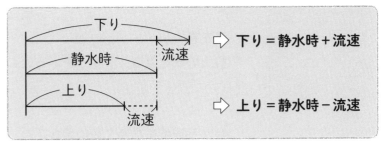

式より，川を上る船や，川を下る船をイメージするほうがわかりやすいかも……。

 それでいいよ！　そのイメージを表にしてみると……，

あ，わかりやすい。

 でしょ？　流水算や売買損益(そんえき)のように情報量(じょうほうりょう)の多い単元(たんげん)は，こうやって表にまとめるの。流水算はこの「下静上（ゲセイジョウ）」の表を書いて数字を埋(う)めながら解いていくよ。ついでに，流速と静水時の速さを求(もと)める式も紹介(しょうかい)しておくね。

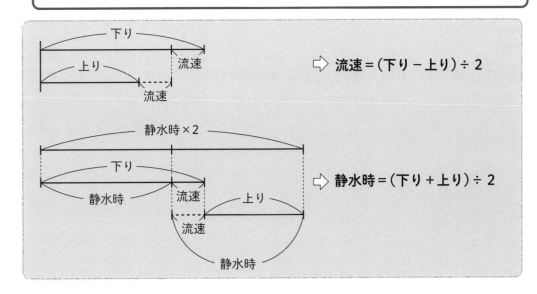

【４種類の速さ】　ある船が60kmの川を往復するのに，上りに15時間かかりました。この川の流速が時速8kmのとき，下りにかかる時間は何時間ですか。

まず「下静上」の表を書き，
求められる速さを考えます。

作業しよう

手順①

下	
静	8
上	8

手順②　上り　60÷15＝4（km/時）

下	
静	8
上	4

あわせて8

手順③

下	20
静	12
上	4

手順④　60÷20＝3（時間）

3 時間

① 表を書く。

下静上の表を書き，わかっている速さを書き込む。

② わかる速さを求めて表に書き込む。

上りの時間がわかるので，上りの速さを求める。60÷15＝4（km/時）

これを表に書き込む。

③ ほかの速さを書き込む。

芋（いも）づる式にほかの速さがわかるので，すべて書き込む。

下	20	+8
静	12	+8
上	4	

④ 下りの時間を求める。

下りの速さは20（km/時）なので，
60÷20＝3（時間）。

やってみよう！

船が72kmの川を往復します。上りに6時間，下りに4時間かかるとき，この川の流速は時速何kmですか。

流速＝(下り−上り)÷2
だニャ。

［やってみよう！　解答（かいとう）］下静上の表を書き，わかるところを埋（う）めていきます。
　　　　　上りの速さは 72÷6＝12(km/時)，下りの速さは 72÷4＝18(km/時)。
　　　　　表を埋められるのは上りと下りのみなので，流速は公式で求めます。
　　　　　流速＝(下り−上り)÷2 なので，(18−12)÷2＝3(km/時)。

下	18
静	
上	12

HOP

【流速変化】　ある船が90kmの川を上るのに15時間かかりました。下りは川が増水して流速が2倍になったため，3時間で下ることができました。増水する前の川の流速は時速何kmですか。

えぇ！　流速が変化する問題なんてあるの⁉

「下静上」の表が書ければ大丈夫！　まず，この問題からわかる速さを出してみよう。

上りは 90÷15＝6（km/時）でしょ。下りは……，川が増水してるのに，普通に速さを求めちゃっていいの？

もちろん！　いつも通り求めて，「下静上」の表に書き込んでみて。

じゃ，下りは 90÷3＝30（km/時）だから……，

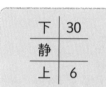

下	30
静	
上	6

でも，ここからどうすればいいかわからないよ。
だって，流速がわからないし，しかも増水して速くなってるし。

流速がわからないなら，①（km/時）って置いちゃったらいいじゃない。

なるほど……，上るときの流速が①（km/時）ということは，
下るときの流速は②（km/時）。

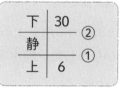

下	30	
		②
静		
		①
上	6	

下りと上りの速さの差は，30－6＝24（km/時）でもあるし，②＋①＝③でもあるから，

③＝24（km/時）

①＝8（km/時）

で，いつもの流速は時速8km。

なるほど！　速さがわからないときは，①を使っちゃっていいんだね！

【流速変化】　ある船が48kmの川を下るのに 3 時間かかりました。 上りは川が増水して流速が1.5 倍になったため, 8 時間かかりました。 増水する前の川の流速は時速何kmですか。

作業しよう

手順①

下	
静	
上	

① 表を書く。

下静上の表を書く。

手順②　下り　48÷3＝16（km/時）
　　　　上り　48÷8＝6（km/時）

下	16
静	
上	6

② わかる速さを求めて表に書き込む。

下りと上りの速さがわかる。

下り　48÷3＝16（km/時）

上り　48÷8＝6（km/時）

手順③

下	16	
静		①
上	6	(1.5)

③ 流速を書き込む。

流速は変化しているので, 下るときの流速（増水前）を①, 上るときの流速（増水後）を(1.5)と置く。

手順④　(2.5)＝10
　　　　① ＝4 （km/時）

4 km/時

④ ○と数字の一致する場所を探す。

下りと上りの差が一致するので,

(2.5)＝10 （km/時）

① ＝4 （km/時）。

やってみよう！

ある船が135kmの川を上るのに 9 時間かかりましたが, 下りは川が増水して流速が 3 倍になったため, 5 時間かかりました。 増水する前の川の流速は時速何kmですか。

下静上の表を書き,
わかるところを埋めるニャン。

［やってみよう！　解答］上りの速さは 135÷9＝15（km/時）, 下りの速さは 135÷5＝27（km/時）。
　　　　　　　　　　　流速は変化しているので, 上るときの流速（増水前）を①,
　　　　　　　　　　　下るときの流速（増水後）を③と置くと, ④＝12（km/時）より
　　　　　　　　　　　①＝3（km/時）。

下	27	
静		③
上	15	①

（1） ある川をボートで1.2km上るのに50分かかり，同じところを下るのに30分かかりました。静水時のボートの速さ，川の流れの速さはそれぞれ一定であるとすると，川の流れの速さは毎分何mですか。

（国学院久我山中学校　2022　第1回）

（2） 静水での速さが一定の船が川下のA地点と川上のB地点を往復しました。A地点からB地点までは5時間かかり，B地点からA地点までは3時間かかりました。川の流れの速さが時速3kmのとき，A地点からB地点までの距離は□kmです。

（中央大学附属横浜中学校　2022　第1回）

（1）問題文からわかる速さを求めます。

上りの速さ　1200÷50＝24（m/分）

下りの速さ　1200÷30＝40（m/分）

流速＝（下り－上り）÷2　なので，

（40－24）÷2＝8（m/分）。

答え： 毎分8m

（2）上りも下りも距離は同じなので「距離一定」を使います。

	距離一定	
	上り	下り
時間	5時間	3時間
速さ	③ :	⑤

「下静上」の表にわかるものを書き込みます。上りと下りの速さは比なので，○で囲みます。

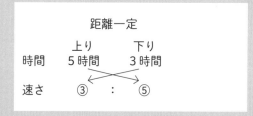

下りと上りの差をとると，

②＝ 6（km/時）

①＝ 3（km/時）

⑤＝15（km/時）←── 下りの速さ

よって，A地点からB地点までの距離は，

15×3＝45（km）。

答え： 45

31 時計算～「時計図」マスターになろう～

この単元のポイント

【時計の基本】
長針は1分で6度，短針は1分で0.5度進む。

【角度求め】
時計の基本形を書く。

【時刻求め】
正時から旅人算で考える。

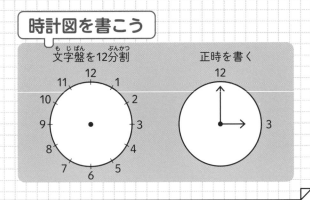

時計図を書こう

文字盤を12分割 ／ 正時を書く

HOP

【時計の基本】 時計の長針は1時間で□度動き，短針は□度動きます。時計の長針は1分間で□度動き，短針は□度動きます。

時計算の前に，まず時計の仕組みを見てみよう。

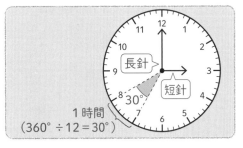

1時間
（360°÷12＝30°）

そっか，ぐるっと1周で360度だから，数字と数字の間は360÷12＝30（度）なんだね。

じゃ，1時間に長針と短針は何度動くかな？

見たまんま，長針は360度で，短針は30度でいいんだよね？

そのとおり！ それを利用して，1分間に長針と短針が動く度数はこんなふうに考えられるの。

	長針	短針
1時間（60分）	360度	30度
	↓÷60	↓÷60
1分間	6度	0.5度

なるほど～！ でも，なんでわざわざ1分間に動く度数を考えるの？

「長針＝1分間で6度」「短針＝1分間で0.5度」というのは，時計算を解くときに超重要なの。もし忘れても，今みたいに自分で求められるようにしておこうね。

HOP

【時計図】　8時20分を時計図にしなさい。

時計算では，自分で「時計図」を書くことが大切なの。
まず基本的な書き方から教えるね。

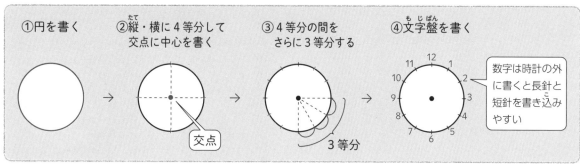

①円を書く　②縦・横に4等分して交点に中心を書く　③4等分の間をさらに3等分する　④文字盤を書く

数字は時計の外に書くと長針と短針を書き込みやすい

交点　3等分

完成した時計に8時20分を書いてみよう！　長針と短針の位置に注意してね。

これでいいのかな？　

うーん，残念！　並べて見比べよう。短針も動くことに注意しようね。

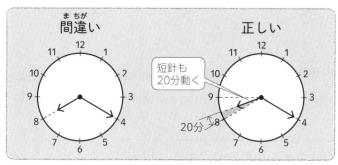

間違い　正しい

短針も20分動く

20分

STEP

【時計図】　3時35分を時計図にしなさい。

作業しよう

手順①
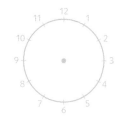

① 時計の基本形を書く。

　円を書く→4等分にして交点を書く→4等分の間をさらに3等分にする→文字盤を円の外に書く。

手順②

短針は，3と4の間で，半分を少し過ぎたところニャ。

② 長針と短針を書き込む。

　短針も35分間進んでいることに注意する。

【角度求め】　7時15分のとき，長針と短針が作る小さいほうの角度を求めなさい。

さぁ，いよいよ時計算に入っていくよ！　時計算には「角度求め」と「時刻求め」があるの。まずは「角度求め」からいこう。7時15分の時計図を書いてくれるかな？

はーい♪

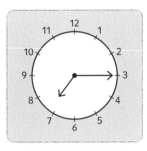

上手に書けたね。さて，この時計図の長針と短針が作る小さいほうの角度を，こんなふうに分割してみるね。

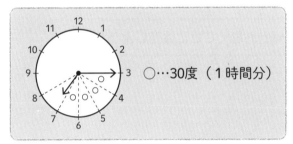
○…30度（1時間分）

文字盤の3から7までは，30×4＝120（度）ってことだね！

そのとおり！　あとは，文字盤の7と8の間を考えるよ。拡大してみるね。

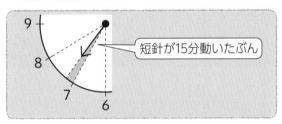
短針が15分動いたぶん

短針は文字盤7から15分動いているってことだね。じゃ，短針は1分で0.5度
動くから，この赤い部分は 0.5×15＝7.5（度）。だから……

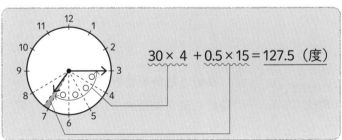
30 × 4 ＋ 0.5 × 15 ＝ 127.5（度）

大変よくできました🌸

198

【角度求め】　4時35分のとき，長針と短針が作る小さいほうの角度を求めなさい。

作業しよう

手順①

手順②

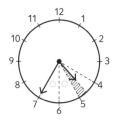

手順③　　30×2＋0.5×25＝72.5（度）

72.5度

①　4時35分を書く。

時計の基本形を書き，長針と短針を書き込む。

長針と短針を書き込むとき，あらかじめ文字盤を分割すると短針の位置を決めやすい。

②　**手がかりを書き込む。**

長針と短針が作る小さいほうの角度のうち，1時間ごとに○（30度）を書き込む。

短針と文字盤に挟まれた求める角度に斜線を付ける。

③　**計算する。**

短針は文字盤4から35分進んでいるので，斜線部分は60－35＝25（分）の幅だとわかる。

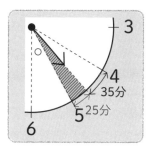

よって，30×2＋0.5×25＝<u>72.5</u>（度）。

やってみよう！

10時25分のとき，長針と短針が作る小さいほうの角度を求めなさい。

短針の位置に注意だニャ。

［やってみよう！　解答］時計図は右のようになります。

〇が5つ，短針は文字盤10から25分進んでいるので，

30×5＋0.5×25＝<u>162.5</u>(度)。

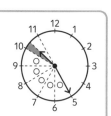

【時刻求め】　5時と6時の間で，長針と短針が重なる時刻を求めなさい。

 今度は時刻を求めるよ。ところで，時刻と時間の違いって知ってる？

そもそも時刻って言葉をあまり使わないなぁ……。

 そうかもね。時刻は点，時間は長さを表すの。

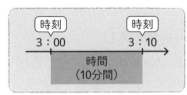

 さて，「時刻求め」は長針と短針の旅人算で，163ページに出てきたタイプ❹を使うよ。解き方を順番に見ていこう。「時刻求め」で書く時計図はざっくりでOK。

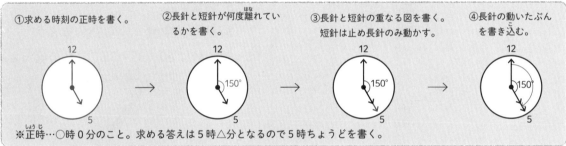

①求める時刻の正時を書く。　②長針と短針が何度離れているかを書く。　③長針と短針の重なる図を書く。短針は止め長針のみ動かす。　④長針の動いたぶんを書き込む。

※正時…○時0分のこと。求める答えは5時△分となるので5時ちょうどを書く。

 187ページの通過算でも，遅いほうを止めて，速いほうの列車をそのぶんゆっくりにしたでしょ？　時計算でも，同じように考えてみるよ。

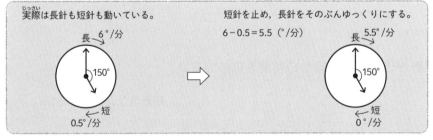

実際は長針も短針も動いている。　　短針を止め，長針をそのぶんゆっくりにする。
6－0.5＝5.5（°/分）

長　6°/分　　150°　　短　0.5°/分　　→　　長　5.5°/分　　150°　　短　0°/分

なるほど〜。じゃ，ゆっくりになった長針が150度進むのに何分かかるかってことだね。

 そのとおり！　だから，$150 \div 5.5 = 150 \times \frac{2}{11} = \frac{300}{11} = 27\frac{3}{11}$（分）かかるね。答えは，5時$27\frac{3}{11}$分。

うえー，こんな答えになるの⁉

 「時刻求め」は，すごく計算力が問われるの。ここは頑張るしかないね。ファイト！

【時刻求め】　7時と8時の間で，長針と短針が一直線になる時刻を求めなさい。

作業しよう

手順①

① 正時を書く。

求める時刻は7時台なので，7時ちょうどを書く。

手順②

② 長針と短針の間の角度を書く。

「1時間＝30度」なので，30×7＝210（度）。

手順③

③ 短針を止め，長針を一直線になる場所まで動かす。

一直線は180度。

手順④
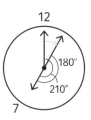

$30 \div 5.5 = 30 \times \dfrac{2}{11} = \dfrac{60}{11} = 5\dfrac{5}{11}$（分）

7時 $5\dfrac{5}{11}$ 分

④ 長針が動いたぶんを書き込み，かかる時間を求める。

長針と短針が一直線になるまでに，長針は
210－180＝30（度）進めばよい。

短針を止めると，長針は6－0.5＝5.5（度）ずつ進むと考えられるので，

$30 \div 5.5 = 30 \times \dfrac{2}{11} = \dfrac{60}{11} = 5\dfrac{5}{11}$（分）

よって，7時 $5\dfrac{5}{11}$ 分。

やってみよう！

4時と5時の間で，長針と短針が重なる時刻を求めなさい。

[やってみよう！ 解答] 時計図は次のようになります。

$120 \div 5.5 = 120 \times \dfrac{2}{11} = \dfrac{240}{11} = 21\dfrac{9}{11}$（分）

よって，4時 $21\dfrac{9}{11}$ 分。

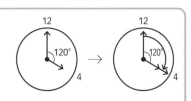

(1) 一定の速さで針が1分間に1回転するタイマーがあります。針は36秒間で□°回ります。

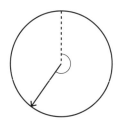

（品川女子学院中等部　2022　第1回）

(2) 時計の長針と短針のつくる小さいほうの角の大きさについて考えます。現在の時刻をちょうど5時48分とするとき，現在の時刻の角の大きさを求めなさい。

（滝中学校　2022）

(3) 2時から3時の間で，時計の短針と長針が反対方向をさして一直線になるのは2時何分であるか答えなさい。ただし，答えが整数にならない場合は分数で答えなさい。

（北嶺中学校　2022）

---

(1) 1回転は360度です。

60秒間に360÷60＝6（度）回るので，

36秒では，6×36＝216（度）。

答え：　216

---

(2) 5時48分の時計を書きます。

短針は0.5×48＝24（度）動いているので，

短針と文字盤6の間は30－24＝6（度）。

長針は文字盤9から48－45＝3（分）動いているので，この間は6×3＝18（度）。

よって，6＋30×3＋18＝114（度）。

答え：　114度

---

(3) 正時と，短針と長針の間の角度を書きます。

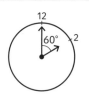

短針を止め，長針を一直線になる場所まで動かします。

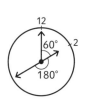

長針と短針が一直線になるまでに，長針は60＋180＝240（度）進めばよいので，240÷（6－0.5）＝$43\frac{7}{11}$（分）

答え：　2時$43\frac{7}{11}$分

[著者]

安浪京子（やすなみきょうこ）

株式会社アートオブエデュケーション代表取締役，算数教育家，中学受験カウンセラー。プロ家庭教師歴20年超。
神戸大学発達科学部にて教育について学ぶ。関西，関東の中学受験専門大手進学塾にて算数講師を担当，生徒アンケートでは100％の支持率を誇る。
様々な教育・ビジネス媒体において中学受験や算数に関するセミナー，著書，連載，コラムなど多数。
「きょうこ先生」として受験算数の全分野授業動画を無料公開している。
本書の第1章，第2章，第3章を執筆。

富田佐織（とみたさおり）

株式会社アートオブエデュケーション関東指導部長。小学生時代，『四谷大塚』に飛び級入塾し，トップ賞などの賞を受賞。
桜蔭学園に進学。中央大学法学部法律学科卒業。中学受験専門大手進学塾の算数講師を10年以上勤め，筑駒・開成をはじめとする超難関から中堅まで幅広い志望校別コースを歴任。
プロ家庭教師として多岐に渡る学校への合格実績を誇り，志望校に合わせた戦略的指導は特に高い評価を得ている。中学受験算数に関する著書・コラム多数。

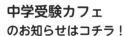

アートオブエデュケーション
のお知らせはコチラ！

中学受験カフェ
のお知らせはコチラ！

●**本書の内容に関するお問合せについて**
本書の内容に誤りと思われるところがありましたら，まずは小社ブックスサイト（jitsumu.hondana.jp）中の本書ページ内にある正誤表・訂正表をご確認ください。正誤表・訂正表がない場合や訂正表に該当箇所が掲載されていない場合は，書名，発行年月日，お客様の名前・連絡先，該当箇所のページ番号と具体的な誤りの内容・理由等をご記入のうえ，郵便，FAX，メールにてお問合せください。
〒163-8671 東京都新宿区新宿1-1-12 実務教育出版 第二編集部問合せ窓口
FAX：03-5369-2237 E-mail：jitsumu_2hen@jitsumu.co.jp
【ご注意】
※電話でのお問合せは，一切受け付けておりません。
※内容の正誤以外のお問合せ（詳しい解説・受験指導のご要望等）には対応できません。

◎装丁・本文デザイン／ホリウチミホ（株式会社 nixinc）
◎イラスト／森のくじら
◎ DTP組版／株式会社明昌堂

中学受験
となりにカテキョ　つきっきり算数
［入門編①　数・割合・速さ］

2023年5月31日　初版第1刷発行

著　　者	安浪京子　富田佐織
発　行　者	小山隆之
発　行　所	株式会社 実務教育出版
	163-8671　東京都新宿区新宿1-1-12
	電話　03-3355-1812（編集）　03-3355-1951（販売）
振　　替	00160-0-78270
印刷／製本	図書印刷

つきっきりで算数を教わるライブ感！

11万以上の家庭に寄りそってきた、プロ家庭教師陣だから
子どもが「どこで間違えるのか」「どこがわからないのか」わかります！
対話形式で子どもの「なぜ？」を解決。
家庭教師にマンツーマンで教えてもらえるライブ感を再現！

【中学受験】となりにカテキョ
つきっきり算数 ［入門編　①数・割合・速さ］

安浪京子・富田佐織 著
A 4 判・204ページ　●定価：1,980円（税込）

中学受験業界でおなじみ、「きょうこ先生」こと安浪京子先生率いる「プロ家庭教師」陣による
マンツーマンレッスンをリアルに再現した、今までにない中学受験問題集シリーズ！

 続刊予定 『【中学受験】となりにカテキョ　つきっきり算数［入門編　②文章題・場合の数］』

実務教育出版の本

つきっきりで国語を教わるライブ感！

11万以上の家庭に寄りそってきた、プロ家庭教師陣だから
子どもが「どこで間違えるのか」「どこがわからないのか」わかります！
対話形式で子どもの「なぜ？」を解決。
家庭教師にマンツーマンで教えてもらえるライブ感を再現！

【中学受験】となりにカテキョ
つきっきり国語［物語文編］

安浪京子 監修 ／ 青山麻美・金子香代子 著
Ａ４判・232ページ ●定価：1,980円（税込）

中学受験業界でおなじみ、「きょうこ先生」こと安浪京子先生率いる「プロ家庭教師」陣による
マンツーマンレッスンをリアルに再現した、今までにない中学受験問題集シリーズ！

続刊予定 『【中学受験】となりにカテキョ　つきっきり国語　［説明文編］』

実務教育出版の本